【现代养殖业实用技术系列】

肉鸡
优质高效养殖技术

主　　编　夏伦志
副主编　吴　东　刘　伟
编写人员　胡晓苗　陈丽园　席海龙　孔　玲
　　　　　苗文萍　韦培培　祝学珍

时代出版传媒股份有限公司
安徽科学技术出版社

图书在版编目(CIP)数据

肉鸡优质高效养殖技术 / 夏伦志主编. --合肥:安徽科学技术出版社,2022.12

助力乡村振兴出版计划. 现代养殖业实用技术系列

ISBN 978-7-5337-8639-7

Ⅰ.①肉… Ⅱ.①夏… Ⅲ.①肉鸡-饲养管理 Ⅳ.①S831.92

中国版本图书馆 CIP 数据核字(2022)第 234137 号

肉鸡优质高效养殖技术 主编 夏伦志

出 版 人:丁凌云 选题策划:丁凌云 蒋贤骏 陶善勇

责任编辑:李志成 王秀才 责任校对:李 茜

责任印制:梁东兵 装帧设计:冯 劲

出版发行:安徽科学技术出版社 http://www.ahstp.net

(合肥市政务文化新区翡翠路 1118 号出版传媒广场,邮编:230071)

电话:(0551)63533330

印 制:合肥华云印务有限责任公司 电话:(0551)63418899

(如发现印装质量问题,影响阅读,请与印刷厂商联系调换)

开本:720×1010 1/16 印张:10.25 字数:150 千

版次:2022 年 12 月第 1 版 印次:2022 年 12 月第 1 次印刷

ISBN 978-7-5337-8639-7 定价:43.00 元

出版说明

“助力乡村振兴出版计划”(以下简称“本计划”) 以习近平新时代中国特色社会主义思想为指导，是在全国脱贫攻坚目标任务完成并向全面推进乡村振兴转进的重要历史时刻，由中共安徽省委宣传部主持实施的一项重点出版项目。

本计划以服务乡村振兴事业为出版定位，围绕乡村产业振兴、人才振兴、文化振兴、生态振兴和组织振兴展开，由《现代种植业实用技术》《现代养殖业实用技术》《新型农民职业技能提升》《现代农业科技与管理》《现代乡村社会治理》五个子系列组成，主要内容涵盖特色养殖业和疾病防控技术、特色种植业及病虫害绿色防控技术、集体经济发展、休闲农业和乡村旅游融合发展、新型农业经营主体培育、农村环境生态化治理、农村基层党建等。选题组织力求满足乡村振兴实务需求，编写内容努力做到通俗易懂。

本计划的呈现形式是以图书为主的融媒体出版物。图书的主要读者对象是新型农民、县乡村基层干部、“三农”工作者。为扩大传播面、提高传播效率，与图书出版同步，配套制作了部分精品音视频，在每册图书封底放置二维码，供扫码使用，以适应广大农民朋友的移动阅读需求。

本计划的编写和出版，代表了当前农业科研成果转化和普及的新进展，凝聚了乡村社会治理研究者和实务者的集体智慧，在此谨向有关单位和个人致以衷心的感谢！

虽然我们始终秉持高水平策划、高质量编写的精品出版理念，但因水平所限仍会有诸多不足和错漏之处，敬请广大读者提出宝贵意见和建议，以便修订再版时改正。

本册编写说明

肉鸡生产是我国畜牧业的重要组成，是全面推进乡村振兴的重要抓手,是新型农民脱贫增收的重要渠道。我国民众历来具有消费鸡肉的传统,“无鸡不成宴”,鸡肉已是百姓“肉篮子”不可或缺的重要内容。随着大众追求健康消费意识增强,作为白肉代表的鸡肉的发展潜力将更大。肉鸡由于具有较高的饲料转化率,在我国蛋白饲料原料供给紧张的当下将是优先发展的产业。当前,我国肉鸡品种主要由快大型白羽肉鸡、黄羽肉鸡特别是品种繁多的地方品种鸡,以及近年发展的小型白羽肉杂鸡构成,养殖模式为大型集约化笼养、中小规模平养以及适度规模的生态放养等共存,饲养方式由相对粗放向专业化发展,精准化、功能化、自动化、智能化与绿色化是未来发展趋势。但是，肉鸡产业在转型升级阶段也存在诸多问题,如优质屠宰型黄羽肉鸡培育进展缓慢,养殖过程药物残留等安全风险依然存在,日粮豆粕减量化替代资源受限,重大疫病风险与优质不优价等问题尚待解决,在地方品种资源挖掘与利用、鸡肉熟食加工、功能产品研发,以及一二三产融合发展等方面亟须取得新突破。

本书从肉鸡产业的现状与发展趋势入手,分6章介绍了肉鸡品种、鸡场规划设计与环境控制、肉鸡的营养与饲料、肉鸡饲养方式、肉鸡的饲养管理、肉鸡常发疾病及其防控技术等,较为系统地介绍了肉鸡养殖的关键环节。全书内容紧密结合肉鸡产业发展实际需要,力求实现理论通俗化、技术实用化。

目　录

第一章 肉鸡品种

人类驯化、培育、饲养家禽的历史悠久，家禽繁殖能力强、生长速度快、易家养，能够为人类提供大量低成本的肉、蛋产品，尤其是鸡。鸡是世界上养殖量最大的动物，经过长期培育，逐渐分化为肉用、蛋用和肉蛋兼用3种类型。现代肉鸡最早起源于20世纪20年代美国的特拉华州，40年代有企业开始介入养鸡业，推动了家禽育种、营养、疫病和饲养管理技术的进步，由此集约化、规模化的现代肉鸡产业逐渐发展壮大。

畜禽品种是经过人工选择，具有共同来源，有相似的体型外貌和生产性能，并能稳定遗传，且有一定的经济价值的动物群体。通常的肉鸡品种是指经过专门化选育，满足人类对鸡肉蛋白需要的鸡品种，具有生长速度快、产肉性能好、饲料转化率高等特点，总体按生长速度、体型可分为快大型肉鸡和优质型肉鸡，按毛色可分为白羽肉鸡和黄羽肉鸡。

我国养殖家禽的历史悠久，但一直都是以农户自繁自养、满足自己家庭肉蛋需要的模式，生产方式落后，生产效率低下；而且我国地方鸡品种多以肉蛋兼用型为主，生长速度、饲料转化率较低，导致我国家禽生产发展缓慢。20世纪七八十年代为了解决居民肉蛋产品供应短缺问题，国家大力发展扶持规模化、机械化养鸡业，国内肉鸡产业经历了引进、学习、追赶、超越的过程，目前我国已成为世界上重要的肉鸡生产、消费大国。

第一节 国外引进品种

国外肉鸡品种培育历史较早，产业发展水平较高，我国早期肉鸡养殖业多以养殖国外引进品种为主。国外引进品种中快大型白羽肉鸡占据了绝大部分份额，国内主要引进的品种有AA、艾维茵、罗斯308、科宝、哈伯德等,国外知名肉鸡育种公司主要有美国泰森集团、安伟捷集团、法国克里莫集团、荷兰海波罗家禽育种公司、卡比尔国际育种公司等。下面简单介绍一些国外引进肉鸡品种。

一 白羽肉鸡

1.AA肉鸡

AA肉鸡是艾拔益加肉鸡(Arbor Acres)的简称,是安伟捷集团旗下的艾拔益加公司培育的四系杂交配套白羽肉鸡, 拥有80多年的选育历史(图1–1)。AA肉鸡是最早被引入中国饲养的国外品种之一,对我国环境适应好,父母代生产性能稳定,国内饲养量在引进品种中位居第一。

图1–1 AA肉鸡

AA肉鸡羽毛白色,体型大,胸宽腿粗,肌肉发达,尾羽短。种鸡为四系配套,蛋壳颜色很浅,商品代雏鸡可快慢羽鉴别雌雄。父母代主要繁殖性能:平均产蛋率为65%~66%,高峰期产蛋率为86%~87%,入舍母鸡产种蛋量为182~185枚,入舍母鸡提供健雏155~159只。改进型AA+商品代肉鸡5周龄体重可达1.81千克,料肉比为1.56:1。

2.艾维茵肉鸡

艾维茵肉鸡是美国艾维茵公司培育的三系杂交配套白羽肉鸡品种(图1–2)。艾维茵肉鸡为显性白羽肉鸡,体型饱满,胸宽腿短,皮肤黄色而光滑,具有增重快、成活率高、饲料报酬高等优点。父母代种鸡繁殖性能:

42周龄产蛋量可达187枚，可提供健雏150只，高峰期产蛋率达86%。商品代42日龄体重可达2.18千克，料肉比为1.84:1。

图1-2　艾维茵肉鸡

3.罗斯308肉鸡

罗斯308肉鸡是英国罗斯育种公司育成的四系杂交配套白羽肉鸡罗斯系列品种之一，此外还有罗斯307、罗斯708、PM3等。罗斯308属于隐性白羽肉鸡，其羽毛白色为隐性性状，其生产性能与AA肉鸡类似。罗斯308肉鸡全身羽毛呈白色，体型呈元宝形，单冠，冠、肉垂及耳叶均为鲜红色，皮肤及胫为黄色。种鸡为四系配套，商品代雏鸡可通过快慢羽鉴别雌雄。父母代种鸡主要繁殖性能：62周龄产蛋量约为180枚，可提供健雏148只，高峰期产蛋率可达85%。

4.科宝肉鸡

科宝肉鸡是美国泰森集团旗下科宝公司培育的白羽肉鸡配套系，主要有科宝-500、科宝-600、科宝-SASSO等几个品种。科宝-500全身白羽，体型大，胸深背阔，生长速度快，饲料报酬高。父母代主要繁殖性能：66周龄产蛋量可达175枚，可提供健雏121只，高峰期产蛋率可达87%。商品代42日龄平均体重达1.87千克，料肉比为1.84:1。

5.哈伯德肉鸡

哈伯德肉鸡是法国哈巴德育种公司培育的四系杂交配套白羽肉鸡，该鸡商品代羽毛呈白色，生长速度快，胸肌率高，抗逆性强，雏鸡可通过快慢羽鉴别雌雄。父母代繁殖性能：64周龄产蛋量可达182枚，可提供健雏148只。商品代35日龄公鸡体重达2.27千克、母鸡体重达1.97千克，料肉比为1.62:1;42日龄公鸡体重达2.97千克、母鸡体重达2.52千克,料肉比为1.77:1。

6.海波罗肉鸡

海波罗肉鸡是泰森集团旗下公司培育的四系杂交配套白羽肉鸡。其具有生长速度快、均匀度好、胸肌率高、腹脂率低、抗病力强等特点。祖母代种鸡繁殖性能:66周龄产蛋量可达185枚,可提供健雏148只。商品代35日龄平均体重达1.83千克,料肉比为1.61:1;42日龄平均体重达2.42千克,料肉比为1.74:1。

二 黄羽肉鸡

我国引进的国外肉鸡品种以白羽肉鸡为主,但是也引进过一些黄羽肉鸡品种。

1.迪高肉鸡

迪高肉鸡是澳大利亚迪高公司培育的黄羽肉鸡配套系。该鸡具有生长速度快、饲料报酬高等特点。父母代繁殖性能:64周龄产蛋量可达191枚,可提供健雏154只。商品代35日龄公鸡体重达1.76千克、母鸡体重达1.10千克,料肉比为1.71:1;42日龄公鸡体重达2.27千克、母鸡体重达1.92千克,料肉比为1.94:1。

2.安卡红肉鸡

安卡红肉鸡是以色列PUB公司培育的四系杂交配套黄羽肉鸡,也是生长速度最快的有色羽肉鸡品种(图1–3)。该鸡具有适应性强、生长速度快、饲料报酬高等优点。父母代繁殖性能:66周龄产蛋量可达176枚,可提供健雏140只。商品代42日龄平均体重达2.00千克,料肉比为1.75:1;49日龄平均体重达2.40千克,料肉比为1.94:1。

图1–3　安卡红肉鸡

第二节　国内培育品种

我国肉鸡良种繁育体系起步较晚，在快大型肉鸡培育上较国外公司尚有较大差距，但优质黄羽肉鸡的培育工作取得了较大进展。目前，我国优质肉鸡品种一部分是由国内地方品种长期选育而成，一部分是地方品种与引进的快大型肉鸡品种进行杂交培育而成。

一　地方品种

1.北京油鸡

北京油鸡是兼用型地方品种，肉质细嫩，肉味鲜美。原产地为北京市，主要分布在城北侧安定门和德胜门外的近郊一带，以朝阳区的大屯和洼里乡最为集中，海淀、清河等地也有一定数量的分布(图1–4)。目前，北京油鸡在民间已经绝迹，仅在中国农业科学院北京畜牧兽医研究所、北京市农林科学院畜牧兽医研究所、国家地方禽种资源基因库和上海农业科学院有少量饲养。

图1–4　北京油鸡

北京油鸡羽色呈赤褐色或黄色，喙呈黄色，单冠，冠羽大而蓬松，有胫羽，有些个体兼有趾羽，约70%个体生有髯羽，通常将这种特有的外貌特征称为“三羽”(凤头、毛脚和胡子嘴)。北京油鸡体型中等，70日龄公、母鸡体重分别为1.11千克和0.96千克，300日龄体重分别为2.48千克和1.96

千克。母鸡72周龄产蛋量为140~150枚，高峰期产蛋率为70%~75%。

北京油鸡外貌特征独特，肉、蛋品质优良，遗传性能稳定，适应性强，是珍贵的地方鸡种，可作为改善肉质、提高蛋品质的亲本。在20世纪八九十年代曾以两系配套的方式直接进行杂交利用，其中与石岐鸡杂交的商品代肉鸡（称作北京宫廷黄鸡）曾出口到日本。21世纪以来，中国农业科学院北京畜牧兽医研究所和北京市农林科学院畜牧兽医研究所开展了各具特色的品系选育，引入矮小基因和蛋鸡血缘，形成了两系或多系配套的肉用型和蛋用型商品代，在保持油鸡优良肉品质的基础上，提高了作为肉用鸡的肉用性能，种鸡繁殖性能也明显提高。

2.固始鸡

固始鸡属兼用型地方品种，1989年收录于《中国家禽品种志》。原产地为河南省固始县，中心产区为固始、潢川、商城、罗山等县；安徽省霍邱、金寨等县亦有分布；现在全国大部分省、自治区、直辖市均有分布，饲养量较大。目前，主要由河南三高农牧股份有限公司承担固始鸡的保种、新品系选育和推广工作。固始鸡是优良的兼用型品种，具有觅食能力强，耐粗饲，抗病、抗逆性强，产蛋较多，肉、蛋品质好，遗传性能稳定等特点，是具有较好市场潜力的地方鸡种。

固始鸡300日龄公、母鸡平均体重分别为2.21千克和1.79千克；固始鸡160~180日龄开产，开产体重为1.54~1.62千克。舍饲68周龄产蛋量为158~168枚，初产蛋重43克，平均蛋重52克。种蛋受精率为90%~93%，受精蛋孵化率为90%~96%。在散养情况下，大部分鸡都有就巢性；在集约化饲养条件下，部分鸡有就巢性，但就巢性较弱。

3.萧山鸡

萧山鸡俗称越鸡，属兼用型地方品种，产地和中心产区为浙江省杭州市萧山区的瓜沥、义蓬和城北等乡镇，主要分布于杭州市萧山区，毗邻的绍兴、宁波、义乌等市（县）也有少量分布。萧山鸡肉质优良，具有“三黄”（黄胫、黄羽、黄皮）鸡特征，符合我国大部分地区的消费习惯，特别是其阉鸡闻名于江苏、浙江一带。

萧山鸡体态匀称，羽毛紧凑。单冠直立，冠齿5~8个，呈红色。肉髯、耳叶呈红色。虹彩呈橘黄色。皮肤、胫呈黄色。公鸡喙稍弯曲，较粗短，前端呈黄色，基部呈褐色；眼球较小；全身羽毛颜色有红色、黄色、浅黄色3种，颈、翼、背部颜色较深。母鸡冠峰不高；喙呈褐黄色，前端稍黄，后端稍褐，深浅不一；全身羽毛多为黄色，个体间羽色深浅略有不同，部分个体全身呈麻栗色；有少数个体颈部羽毛有黑斑；尾羽和翼羽多呈黑色。雏鸡绒毛呈淡黄色。

萧山鸡95日龄公、母鸡体重分别为1.59千克和1.24千克；萧山鸡150~170日龄开产，500日龄平均产蛋量为150.5枚，平均蛋重52克。种蛋受精率为84.9%，受精蛋孵化率为89.5%。母鸡就巢率为30%。

4.文昌鸡

文昌鸡属肉用型地方品种，原产地为海南省文昌市，中心产区为文昌市的潭牛镇、锦山镇、文城镇和东阁，在海南省各地均有分布。文昌鸡觅食能力强、耐粗饲、耐热、早熟，且肉质鲜嫩、肉香浓郁，特别是屠体皮肤薄、毛孔细，肌内脂肪含量高，皮下脂肪含量适中。文昌鸡在国内，尤其是南方有较高的知名度，特色美食海南鸡饭所用的主要食材就是当地的特产文昌鸡。

文昌鸡体型紧凑、匀称，呈楔形。羽色有黄、白、黑色和芦花等。头小，喙短而弯曲，呈淡黄色或浅灰色。单冠直立，冠齿6~8个。冠、肉髯呈红色。耳叶以红色居多，少数呈白色。虹彩呈橘黄色。皮肤呈白色或浅黄色。胫呈黄色。公鸡羽毛呈枣红色，颈部有金黄色环状羽毛带，主、副翼羽呈枣红色或暗绿色，尾羽呈黑色，并带有墨绿色光泽。母鸡羽毛多呈黄褐色，部分个体背部呈浅麻花，胸部羽毛呈白色，翼羽有黑色斑纹。少数鸡颈部有环状黑斑羽带。雏鸡绒毛颜色较杂，其中以淡黄色居多，少数头部或背部带有青黑色条纹。

文昌鸡91日龄公、母鸡体重分别为1.22千克和0.98千克，438日龄平均体重分别为2.18千克和1.54千克。文昌鸡平均120~126日龄开产，50周龄产蛋量为120~150枚，290日龄平均蛋重44.1克。种蛋受精率为94.2%，受精蛋孵化率为94.9%。平养条件下母鸡就巢性较强，笼养条件下就巢率约为2.3%。

5.清远麻鸡

清远麻鸡属肉用型地方品种，原产地为广东省清远市，中心产区为清远市所属北江两岸，主要分布于清城区的附城、洲心、龙塘、石角、源潭、横荷等镇（街道）和清新区的高田、山塘、太平、回澜、大朗等镇，周边市

(县)也有少量分布。清远麻鸡以肉质优良而驰名,其皮色金黄、肉质嫩滑、风味独特。

清远麻鸡的特征可概括为“一楔、二细、三麻身”。“一楔”指母鸡体型呈楔形,前躯紧凑,后躯圆大;“二细”指头细、脚细;“三麻身”指母鸡背羽有麻黄、褐麻、棕麻3种颜色。喙呈黄色。单冠直立,冠齿5~6个,呈红色。肉髯呈红色。虹彩呈橙黄色。胫、皮肤均呈黄色。公鸡头大小适中,颈、背部的羽毛呈金黄色,胸羽、腹羽、尾羽及主翼羽呈黑色,肩羽呈枣红色。母鸡头细小,头部和颈部上端的羽毛呈深黄色,背部羽毛有黄、棕、褐3色,有黑色斑点,形成黄麻、棕麻、褐麻3种。主翼羽和副羽的内侧呈黑色,外侧有麻斑,由前至后变淡而麻点逐渐消失。雏鸡背部绒毛呈灰棕色,两侧各有1条白色绒毛带。

清远麻鸡91日龄公、母鸡平均体重分别为1.47千克和1.11千克,300日龄公、母鸡平均体重分别为1.88千克和1.49千克;清远麻鸡平均161日龄开产,年产蛋量为105枚,平均蛋重46克。种蛋受精率为89%~96%,受精蛋孵化率为90%~95%,母鸡就巢率约为3%。

6.瑶鸡

瑶鸡属兼用型地方品种,原产地为广西壮族自治区南丹县和贵州省荔波县,中心产区为南丹县的里湖、八圩两个瑶族乡镇和荔波县西南部的瑶山瑶族乡,分布于南丹县和荔波县各乡镇,毗邻的河池、贵州的独山等地也有分布。瑶鸡在广西又称南丹瑶鸡,在贵州又称瑶山鸡。瑶鸡具有耐粗饲、适应性强、觅食力强、肉质细嫩鲜美、皮下脂肪少等特点,是典型的“瘦肉型”鸡。

瑶鸡体躯呈菱形,胸骨突出,按体型可分为大型和小型两类,以小型为主。喙多呈青色或黑褐色。单冠直立,冠齿6~8个,呈红色。肉髯呈红色,耳叶呈红色或蓝绿色,虹彩呈金黄色或橘红色。皮肤多呈白色,少数呈黑色。胫、趾呈青色或黑褐色,部分有胫羽,少数有趾羽。骨色多为白色,少数为乌色。公鸡羽色以金黄色和金红色为主,黄褐色次之。母鸡羽色以麻黄色、麻黑色为主。雏鸡羽毛多为褐黄色。

瑶鸡91日龄公、母鸡平均体重分别为1.44千克和1.16千克,300日龄公、母鸡平均体重分别为2.04千克和1.41千克;南丹瑶鸡120日龄公、母鸡平均体重分别为1.60千克和1.53千克。南丹瑶鸡平均130日龄开产,66周龄产蛋量为113枚，平均蛋重46克；种蛋受精率为95%，受精蛋孵化率为94.2%；母鸡有就巢性，散养条件下就巢率为48%~49%。瑶山鸡平均142日龄开产，年产蛋量为116枚，开产蛋重27.4克，平均蛋重46克；种蛋受精率为78%，受精蛋孵化率为90%；母鸡就巢性强，散养条件下就巢率约为95%。

7.淮北麻鸡

淮北麻鸡也称符离鸡，属兼用型地方品种，原产地和中心产区为安徽省宿州市，主要分布于宿州市、淮北市的市辖区及濉溪、萧县、灵璧等县。淮北麻鸡是淮北平原人民经过长期选育和自然驯化形成的一个独特的优良地方品种，是当地农民传统的家禽饲养品种。淮北麻鸡属兼用型的小型麻鸡，具有耐粗饲、肉质良好、适应强等优点，是当地制作中国有名的“四大名鸡”之一的“符离集烧鸡”的正宗原料。

20世纪70年代中期到80年代末，由于市场需求增加，为了提高淮北麻鸡生产性能，当地大批量引进外来鸡种并与淮北麻鸡混养杂交，使纯种麻鸡存栏量逐渐下降，纯种日益减少。2005年后安徽省宿州市徽香源食品有限公司承担淮北麻鸡保种任务，经过提纯复壮，逐渐恢复了淮北麻鸡的品种特性。

淮北麻鸡40周龄公、母鸡平均体重分别为1.52千克和1.35千克，屠宰率分别为88.2%和87.4%，全净膛率分别为62.5%和61.0%，腿肌率分别为18.5%和16.4%，胸肌率分别为15.9%和13.3%。淮北麻鸡145~160日龄开产，年产蛋量为140~150枚，300日龄蛋重44~46克。种蛋受精率为90%~93%。母鸡就巢性较强，就巢率达14.2%。

8.淮南麻黄鸡

淮南麻黄鸡俗称淮南鸡，属兼用型地方品种，原产地及中心产区为安徽省淮南市，主要分布于淮河以南丘陵地区的淮南市、合肥市（长丰、肥西、肥东）、滁州（定远、凤阳）等地。淮南麻黄鸡是安徽省优良的地方品种资源，具有耐粗饲、抗病力强、肉质细嫩鲜美、蛋品质优良等特点。

据资源志记载，淮南麻黄鸡公、母鸡120日龄体重分别为0.94千克和0.83千克，40周龄体重分别为1.82千克和1.42千克，屠宰率分别为85.6%和87.9%，全净膛率分别为64.1%和61.9%，腿肌率分别为17.5%和15.5%，胸肌率分别为15.3%和13.6%。淮南麻黄鸡平均145日龄开产，66周产蛋数141

个。300日龄平均蛋重46.4克。公、母鸡配比为1:(10~15),人工授精条件下,种蛋受精率为92%~94%,受精蛋孵化率为85%~88%。母鸡就巢率为30%。

9.黄山黑鸡

黄山黑鸡属兼用型品种(图1–5),原产地为安徽省黄山市,中心产区为黟县和祁门县交界一带,以黟县的柯村等地数量最多,全市各乡镇均有分布。黄山黑鸡是安徽省特有的黑羽家禽遗传资源,全身羽毛呈黑色、抗病力强、骨骼细致紧密、肉质细嫩、味道鲜美,经常用作保健食品的原料。

图 1–5　黄山黑鸡

黄山黑鸡体型偏小,头部短圆,全身羽毛呈黑色,部分个体颈羽羽尖呈黄色。喙呈青黑色或青色。单冠,冠齿5~7个,呈红色。虹彩呈橙黄色。皮肤呈白色。胫呈青黑色或青色,少数有胫羽。雏鸡全身绒毛呈灰黑色。

黄山黑鸡300日龄公、母鸡体重分别为1.32千克和1.23千克,屠宰率分别为90.2%和91.9%,全净膛率分别为64.9%和56.3%,腿肌率分别为24.7%和24.3%,胸肌率分别为16.9%和17.1%。黄山黑鸡190~200日龄开产,年产蛋数150~180个,蛋重41~42克。种蛋受精率为93%~94%,受精蛋孵化率为94%~95%。母鸡就巢率约为30%。

10.皖南三黄鸡

皖南三黄鸡又称皖南土鸡、宣州鸡(图1–6),属兼用型地方品种,原产地及中心产区为安徽省宣城市和池州市,主要分布于宣城市宣州区和池州市贵池区及青阳县等长江以南的丘陵地区,周边江苏、山东、河北等省也有分布。皖南三黄鸡具有较强的抗病力和抗逆性,肉细味美,是值得推广的优质地方鸡种。皖南三黄鸡属于早熟品种,产蛋量较高,这在当前优质鸡培育中有着重要的意义,可以用来改良其他低产蛋量的地方鸡种。

图 1-6 皖南三黄鸡

皖南三黄鸡98日龄公、母鸡平均体重分别为1.05千克和0.82千克,300日龄公、母鸡平均体重分别为1.49千克和1.21千克,屠宰率分别为89.3%和90.1%,全净膛率分别为68.4%和61.8%,腿肌率分别为27.9%和24.2%,胸肌率分别为16.5%和18.0%。皖南三黄鸡138~145日龄开产,年产蛋数158~161个,蛋重43~58克。种蛋受精率为94%~96%,受精蛋孵化率为86%~88%。母鸡就巢率为25%。

二 培育品种

1.温氏青脚麻鸡2号配套系

温氏青脚麻鸡2号配套系是广东温氏食品集团股份有限公司培育的三系配套肉用商品鸡配套系。父本为N813、母本父系为N805、母本母系为N701(图1-7)。温氏青脚麻鸡2号生产性能、抗病能力、外观特征、肉鸡生长速度、饲料转化效率等方面都具有较大优势。

公鸡体型较大,胸部较圆,胸肌发达。羽毛丰满,头部、颈部羽毛多呈黄色,背部羽毛为红羽。性成熟好,上市时公鸡的鸡冠和肉垂大且鲜红,

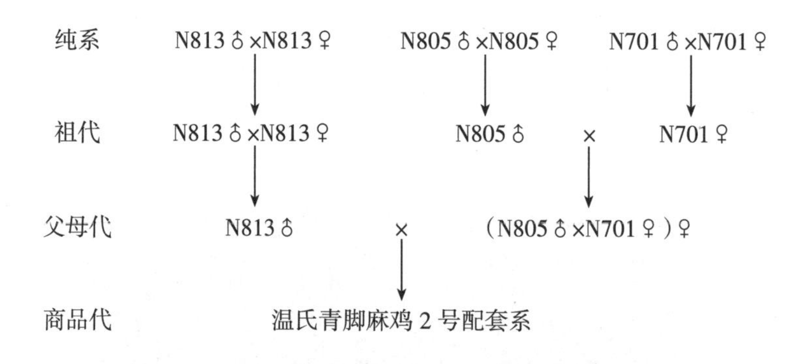

图 1-7　温氏青脚麻鸡 2 号配套系配套模式

鸡冠直立。喙黑色。脚胫颜色为青黑色。皮肤为白色。母鸡体型中等，较为瘦长，性情温驯。羽毛紧凑，并富有光泽，头部、颈部羽毛多为黄色，背部羽毛色为红底麻羽。早熟性较好，上市时母鸡的鸡冠和肉垂已经开始发育，变得鲜红，脸面开始红润，羽毛变得光亮。喙黑色，脚胫颜色为青黑色，皮肤为白色。

温氏青脚麻鸡2号配套系商品代公鸡70日龄上市，上市体重为2.45~2.55千克，胫长9.9~11.1厘米，胫围4.7~5.4厘米，屠宰率为90.0%~91.6%，全净膛率为67.5%~69.1%，胸肉饱满，胸肌率为16.5%~18.4%，腿肌发达，腿肌率为5.4%~27.8%，饲料转化率为(2.50~2.55):1，成活率在94%以上。母鸡70日龄上市，上市体重为1.95~2.05千克，胫长8.3~9.2厘米，胫围3.9~4.7厘米，屠宰率为90.2%~91.9%，全净膛率为66.5%~68.3%，胸腿肌较发达，胸肌率为16.2%~17.8%，腿肌率为25.1%~27.3%，饲料转化率为(2.65~2.70):1，成活率在94%以上。

2.岭南黄鸡Ⅰ号配套系

岭南黄鸡Ⅰ号配套系是广东省农业科学院畜牧研究所培育的三系配套肉用商品鸡配套系(图1-8)。父本为F系，母本父系为E1系，母本母系为B系(图1-9)。F系是由岭南黄鸡C系与红波罗杂交后经横交固定而育成的，E1系由新安康红父母代母鸡(由法国引进，含dw基因)、石岐杂公鸡、岭南黄C系公鸡、D系母鸡培育而来。B系来源于石岐杂鸡，从1991年开始进行闭锁繁育。各配套品系的选育均要求羽色、外貌特征整齐一致，体重均匀度高，对F系的选育侧重早期生长速度及成年公鸡的精液品质，而对

E1系、B系的选育则侧重产蛋性能。

图 1-8　岭南黄鸡配套系

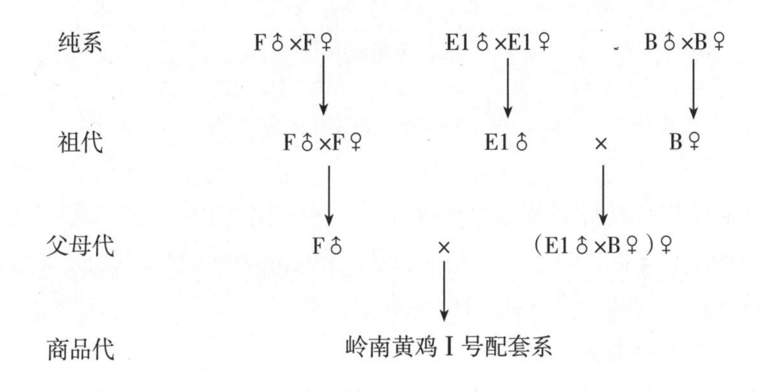

图 1-9　岭南黄鸡Ⅰ号配套系配套模式

商品代公、母鸡出栏日龄分别为50~56日龄和70日龄，出栏体重可达1.35千克和1.49千克，公鸡料肉比为(2.2~2.3):1，母鸡料肉比为(2.45~2.50):1；成活率>95%，屠宰率分别为88.5%和87.6%，全净膛率分别为67.2%和67.9%，胸肌率为37.6%。

商品代肉鸡为快羽，“三黄”，胸肌发达，胫较细，单冠，性成熟早。岭南黄鸡Ⅰ号属中速型优质高效黄羽肉鸡配套系，商品代公母鸡均为快羽，羽毛紧凑，胸腿肌发达，肉香皮滑，适合广东及港澳地区的市场需求。

3.皖江黄鸡配套系

皖江黄鸡配套系是安徽华卫集团禽业有限公司和安徽农业大学共同培育的三系配套肉用商品鸡配套系，以HA品系为母本父系，以HB品系为终端父本，以HC品系为母本母系（图1–10）。6周龄商品鸡体型较大而紧凑，鸡背部和后躯较宽，胫长适中。黄羽，皮肤黄色，毛孔细，屠体黄白美观。单冠直立，公鸡冠较大而红，母鸡冠稍小而红润，早熟性好。喙、胫、趾呈金黄色。

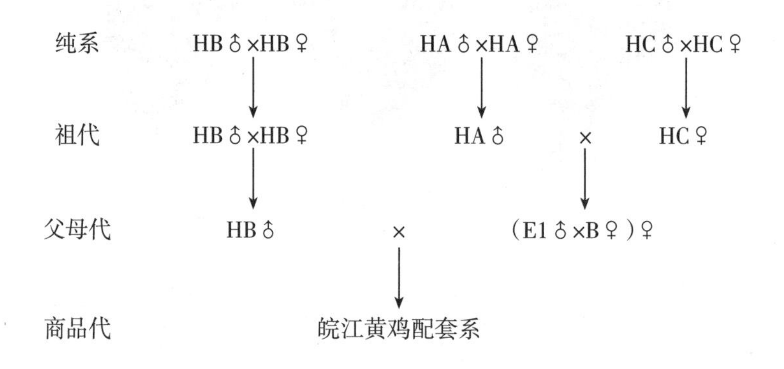

图 1–10　皖江黄鸡配套系配套模式

商品代42日龄体重平均为1.46千克，料肉比为1.86:1，公、母鸡屠宰率分别为89.2%和88.7%，全净膛率分别为66.6%和66.1%，腿肌率分别为22.2%和17.6%，胸肌率分别为18.1%和21.7%。

4."817"肉杂鸡

"817"肉杂鸡是由山东省农业科学院家禽研究所培育成功的生产扒鸡的专用鸡种，发源于山东省德州市。目前通常把肉蛋杂交鸡（白肉杂）统称为"817"肉杂鸡。"817"肉杂鸡具有质优价廉、生产周期短、抗逆性强等优点，发展迅猛。

"817"肉杂鸡制种简单，采用大型肉鸡父母代公鸡（如AA+、罗斯308等）与常规的高产蛋鸡商品代（如海兰、罗曼等）进行人工授精生产的种蛋孵化即可生产"817"肉杂鸡，根据不同生产用途一般饲养5~7周，体重在1.4~2.2千克。肉杂鸡生产门槛不高，生产方式灵活多样，在常规蛋鸡养殖场只需要添加一些大型肉鸡父母代公鸡即可生产"817"肉杂鸡苗，在鸡蛋行情低迷时是一种不错的转产方式。

正常饲养条件下，"817"肉杂鸡早期生长速度很快，6周龄平均体重可达1.68千克，7周龄在1.9~2.2千克，一般6~7周即可达到上市标准，料肉比

大约为1.7:1。但是由于“817”肉杂鸡父母代来源不同，配种方式灵活多样，因而不同品种间杂交的肉杂鸡其生产性能也有所不同，没有统一标准。这些因素导致了“817”肉杂鸡主要体现的是杂交优势，而且不同鸡场生产的肉杂鸡标准不同，生产性能不稳定，整体均匀度较差。这是“817”肉杂鸡生产中需要注意的问题，应尽量做到种源稳定、管理统一。

第二章 鸡场规划设计与环境控制

一个现代化、规模化的肉鸡养殖场在建场之前就要做好全场的规划设计,做到布局科学合理、便于生产操作,同时还要有利于疫病防控。合理的场址选择和规划布局可以使后续的肉鸡生产更加安全、高效,好的规划布局是养殖场获得成功的首要前提。同时肉鸡养殖密度大,对生物安全防控要求高,良好的环境控制技术也是养殖成功的关键。鸡场内的厂区环境和鸡舍内环境都是我们要关注的重点,做好鸡舍内外、厂区内外环境控制,既可以使养殖场处于一个洁净、无特定病原的安全的生产环境,又可以为肉鸡生产提供最佳的生长环境。

第一节 场址选择

场址选择是建设肉鸡养殖场的首要问题, 随着国家和社会对环保要求越来越高,同时疫病传播形势也日趋严峻,场址选择首先要考虑的就是鸡场对外部环境的污染和外部环境对鸡场防疫卫生的挑战。因此,场址选择时要综合考虑多方面因素,科学合理地处理好自然环境、社会环境、肉鸡自身生理特点及企业自身条件等因素的关系。

一 地理位置

一个计划投资新建的肉鸡养殖场, 首先要面临的就是建设场地的问题。鸡场选址首要考虑的就是其地理位置,首选场址的选择应当按照国家相关法律、法规执行,遵守《中华人民共和国畜牧法》和《中华人民共和国动物防疫法》的有关规定,必须要符合动物防疫条件,同时还要符合当地土地利用发展规划和村镇建设规划要求,科学选址,合理布局。

二 环保及防疫要求

《畜禽规模养殖污染防治条例》及其他有关规定禁止在下列区域内建设畜禽养殖场、养殖小区：饮用水水源保护区，风景名胜区；自然保护区的核心区和缓冲区；城镇居民区、文化教育科学研究区等人口集中区域；县级人民政府依法划定的禁养区域；法律、法规规定的其他禁止养殖区域。

《动物防疫条件审查办法》规定动物饲养场、养殖小区选址应当符合下列条件：距离生活饮用水源地、动物屠宰加工场所、动物和动物产品集贸市场500米以上；距离种畜禽场1 000米以上；距离动物诊疗场所200米以上；动物饲养场（养殖小区）之间距离不少于500米；距离动物隔离场所、无害化处理场所3 000米以上；距离城镇居民区、文化教育科研等人口集中区域及公路、铁路等主要交通干线500米以上。

三 地势、地形及土质

1.地势

地势是指所在场地的高低起伏状况。肉鸡养殖场场址应选择地势高燥、背风向阳、开阔平坦、通风良好、交通便利的地方。地势高燥有利于排水，避免下雨时排水不畅导致场内积水造成地面泥泞、鸡舍潮湿。平原地区应避免在低洼潮湿或容易积水的地方建场。背风向阳的地方有利于冬季鸡舍保温，减少散热，节约加热成本，而且光照充足有利于杀灭环境中的病原微生物，有助于保持鸡群健康。在山坡和丘陵区建场时，要选择位置适中、开阔平坦、坡度平缓的地段建场，坡面背风向阳，厂区纵坡度不超过25%，建筑区坡度在2%~2.5%。坡度过大的地方施工时需要大量开挖土方，增加工程投资，而且投产后道路坡度大，给场内运输管理造成不便。山区建场时还要注意周边地质环境，防止生产过程中出现滑坡、塌方、山洪及暴风雪等自然灾害。

2.地形

地形是指所在场地的性状、范围，以及地物（山岭、河流、道路、植被、建筑物等）的平面位置状况。肉鸡场建设应尽量选择方正、平坦、开阔的地方，便于场地规划和建设。在山区建场时应避免建在山顶和坡底谷地等位置，山顶夜间气温低、空气稀薄且风速较大，坡底谷地通风不良、潮湿低洼，易受洪水灾害影响。肉鸡场建设还要远离沼泽等长期潮湿地区，这些地区蚊、虻聚集，容易传播寄生虫等疾病。

3.土质

选址时还应对当地土壤土质等情况进行全面了解，为了施工安全，避免在有断层、陷落、塌方及地下泥沼层等地建场。应选择透气性、透水性能良好，毛细管作用弱，抗压性强，吸湿、导热性小，土质均匀的土壤建场。沙壤土是理想的建场土壤，其排水性能良好，隔热，不利于病原的繁殖传播。

四 水源供应

1.水源种类

建成投产的鸡场需要大量的生产、生活用水，必须有可靠的水源保证，水源来源主要有地表水、地下水和自来水等。

（1）地表水。地表水主要有河流、湖泊、水库等，一般应选择面积大、具有流动性的地表水作为鸡场水源，避免选择面积较小的沟塘作为水源。尤其是作为饮用水时，水质应符合《地表水环境质量标准》（GB 3838—2002）中规定的Ⅲ类水质标准及以上条件。通常情况下，地表水水源地都在养鸡场外面，需要建设取水设施和管道引入场内。取水点应远离岸边，深度适中，取用方式推荐机器取水，自动控制，需配套密封的运输管道、储水装置和处理设备，以保证水源清洁、避免被周围环境污染，定期清洁、消毒取水设施和输水管道。

（2）地下水。地下水是指埋藏在地表以下的各种形式的水，包括深井水、浅井水、泉水、地下暗河水等，饮用水要求其水质应符合《地下水质量标准》（GB/T 14848—2017）中规定的Ⅲ类水质标准及以上条件。地下水中的矿物质含量较为丰富，决定用地下水作为肉鸡场主要水源时，应提前检测当地地下水中矿物质含量及其他有毒有害物质含量，水质符合标准时方可使用。

（3）自来水。当选定建场的场址周围没有合适的地表水水源，或者地下水取水困难时，或者城市自来水供应较为便利时，可直接使用市政供应的自来水作为鸡场主要水源。自来水水质相对稳定，安全卫生标准可以得到较好的保障。但是要尤其注意在夏天，天气炎热，城市居民生活用水激增，可能出现鸡场生产用水供应不足的问题，应提前选好备用水源，做好应急预案。

2.水源要求

稳定、充足的水源供应是保证肉鸡养殖正常生产的重要前提，首先养殖的肉鸡每天需要大量的清洁饮水，其次工作人员也需要饮水，再次生产中冲洗鸡舍、洗刷设备用具、消毒及夏季鸡舍湿帘降温都需要消耗大量的水，最后还要考虑为防火及为未来扩大生产留有余量。因此必须保证所选场址水源稳定、供应充足。在地表水充足的地方建议以地表水为主要水源，地下水源和自来水为备用水源，可节约成本。没有地表水可用的地方，以地下水或自来水为主要水源，并建蓄水池作为应急备用水源。

3.水质要求

水质对鸡群的健康、饮水免疫效果有较大影响，饮用水的水质要符合《生活饮用水卫生标准》(GB 5749—2022)的要求，达不到标准的必须经过净化处理达标后方可使用。

五 电力供应

肉鸡生产离不开稳定的电力供应，尤其是规模化肉鸡场，机械化和自动化程度很高，计划所有的生产环节和设备都离不开电力，对电力供应的依赖性很强。育雏加温、鸡舍照明、通风、供水、喂料、清粪等都需要电力才能正常运转，一旦电力供应出现问题，会造成严重的生产事故，遭受重大损失。因此，必须保证电力供应的稳定性和持续性。

鸡场必须建设在供电稳定、电力充足的地方，离电网越近越好。供电功率要根据养殖规模、全场生活生产设备功率等提前估算，保证电力线路能够承受最大供电功率。大型鸡场最好是双路供电，同时为了保证停电时维持场内正常生产秩序，所有鸡场都应自备应急发电机，以保证场内供电的稳定、可靠。

六 交通运输

肉鸡场选址还要考虑周围交通运输条件，在保证生物安全，符合环保和防疫要求的情况下，应选择在距离现有道路较近的位置，尽量节省前期建设投资，并有利于生产资料、生活物资的输入和产品输出。一般要求鸡场围墙距离主要交通干道（国道、省道）500米以上，距离一般道路300米以上，距离乡村道路100米以上，距离铁路1.5千米以上。养鸡场要建设专用道路与公路相连，以方便场内物资的输入输出。

第二节　规划布局

选定好场址后，就要考虑整个场地的规划布局。规划布局首先要根据肉鸡养殖业的特点进行分区布局，在满足防疫和生产要求的同时还要考虑建场地块的地形地貌特点、充分利用土地、便于建设等因素，做到科学合理规划布局。

一　总体规划

肉鸡养殖场建设的规划布局，总体原则是在给鸡提供舒适环境的前提下有利于防疫，同时兼顾环保和生活，使全场发挥最大的饲养效益。应综合考虑以下因素：

根据计划的投资规模、养殖数量、养殖模式总体确定养殖场占地面积、建筑类型、规格及数量规模。

根据不同生产性质的肉鸡场（种鸡场、商品代肉鸡场）生产工艺要求，结合当地气候条件（常年主风向、年降雨量、最高、最低气温等）、地形地势及周围环境特点，因地制宜做好功能分区规划。

在功能分区规划基础上，根据场区地形地势，合理布局功能区内建筑位置、朝向等，尽量减少基建费用，同时满足建筑物采光、通风等要求，同时保留足够的防疫隔离和防火间距。

合理规划地下雨水、粪污等收集流通管道，以利于实现雨污分流，同时满足粪污及废弃物无害化处理的生产要求。

合理规划，节约用地。在满足防疫要求的情况下，规划布局要紧凑合理，节约用地，并充分考虑今后的发展，为未来扩大生产预留适当的用地面积。

二 功能分区

肉鸡场根据功能不同，场区一般可分为生活管理区、辅助生产区、生产区和污染隔离区。

1.生活管理区

生活管理区主要包括鸡场工作人员日常生活区和鸡场管理人员办公区。生活区是鸡场工作人员下班后休息、吃饭、开展娱乐活动的地方，一般设有宿舍、食堂、浴室、娱乐设施等；办公区是鸡场管理人员日常办公及对外交往、接待外来人员的地方，主要设有办公室、门卫室等。规模较小的鸡场，工作人员较少，通常生活区和管理区在一个区域。规模较大的鸡场，工作人员较多，业务繁忙，通常生活区和管理区分开，甚至一些鸡场的办公区与外界联系较多，为避免外来人员和车辆对鸡场造成影响，会将办公区单独设立在距鸡场较远、交通便利的地方。为了防止鸡舍粉尘、气味、病原微生物等对鸡场人员的健康造成影响，生活管理区通常设在鸡场地势较高的厂区上风向处，并且应尽量远离生产区。

2.辅助生产区

辅助生产区主要设有消毒室、兽医室、饲料加工车间、饲料库、物料库、配电室、供水设施、车库等，为生产区日常生产提供支持。一般位于生活管理区与生产区之间，或靠近生产区。

3.生产区

生产区主要是鸡舍，也是肉鸡场内最主要的区域，通常有围墙与其他区域隔离，并设有大门消毒池和人员消毒通道及淋浴室。对于肉种鸡场来说，生产区布局与商品肉鸡场有较大差异。由于肉种鸡饲养周期更长，要经过育雏、育成、产蛋等阶段，生产区内布局更复杂，功能分区更细致，防疫要求更高。因此，肉种鸡生产区通常按照当地主风向将育雏区、育成区和产蛋区从上风向到下风向依次排列，且不同功能区之间应保持50米以上间隔。

4.污染隔离区

污染隔离区主要有兽医解剖室、隔离鸡舍、病死鸡高压灭菌或焚烧处理设备，以及粪污存储与处理设施。隔离区应位于场地地势较低处，且为常年主风向的下风处，与生产区有道路相连，但应保持一定距离。

三 鸡场平面布局

肉鸡场各功能区及功能区内建筑物的合理布局可有效减少疾病发生和传播,对鸡场生物安全控制起重要作用。

在设置各功能区布局时综合考虑卫生防疫要求和日常工作的便利性,一般按照鸡场地形地势和当地常年主风向,根据从高到低、从上风向到下风向的顺序一次布局生活管理区、辅助生产区、生产区和污染隔离区,并且各功能区应间隔一定距离,保持相对独立(图2-1)。

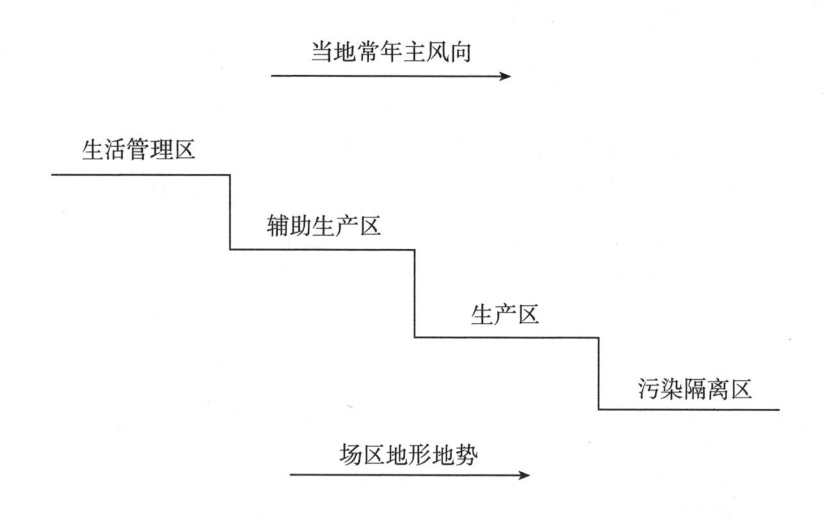

图2-1　肉鸡场场区平面布局示意图

生产区内的鸡舍建筑应按生产工艺流程的顺序排列布置；朝向以朝南或南偏东为主,也可根据当地实际地形调整;鸡舍之间应保持一定的间隔,避免鸡舍间疫病传播。辅助生产区的建筑应根据其功能和特点布局,与外界接触较为频繁的应当布置在靠近场外道路的地方。各功能区出入库,应当设置人员和车辆的消毒通道和消毒设施(图2-2)。

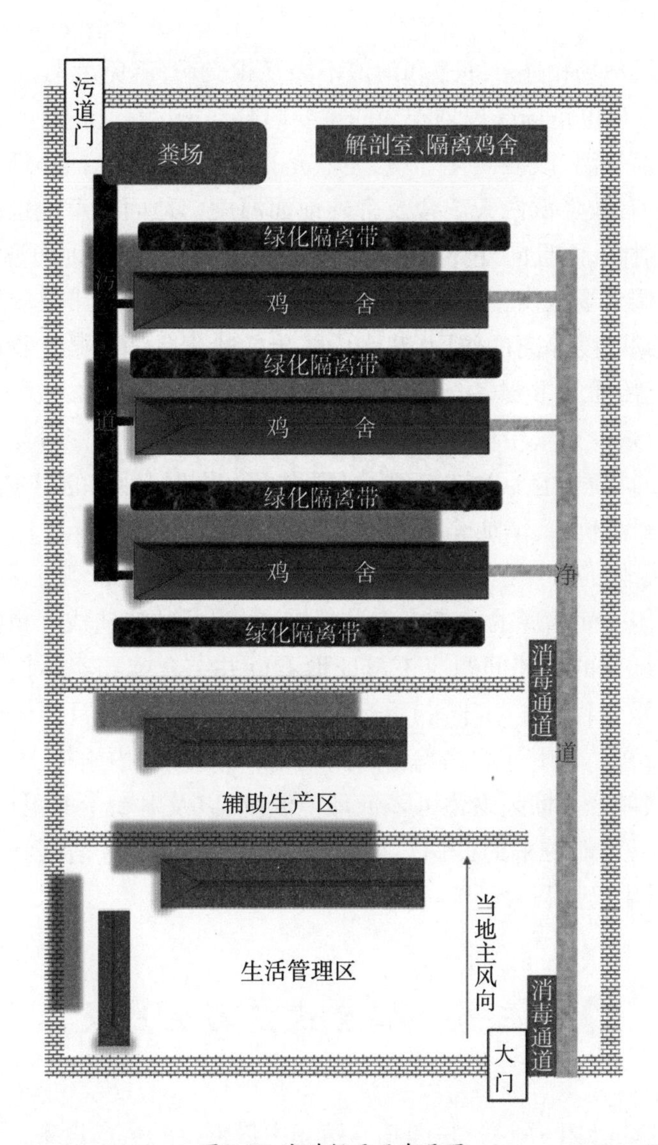

图2-2　肉鸡场平面布局图

四 道路、绿化

场区道路布局应分为净道和污道。净道主要是人员、饲料等生产物资通道，其走向依次为生活管理区、辅助生产区、生产区，连通各鸡舍前段入口；污道主要用于运输鸡粪、死鸡及鸡舍内需要运出清洗的脏污设备。污道的走向依次为生产区、污染隔离区，连通各鸡舍后端出口，污道的末端与粪污处理场相连。净道和污道不能互相交叉,避免污染。

场区绿化也是场区规划布局的重要内容。场区绿化的优点是可以调节场区局部气温、改善美化环境,尤其是夏季,树木可遮挡一部分阳光直射屋顶,可有效降低白天鸡舍及舍外地面温度。地面的草地也可吸收大量太阳辐射能,而且向外界散热较少,能在夜晚迅速降低地面温度。场区绿化还有调节场区内气流、净化空气的作用。场区绿化带最重要的作用是可以起到防疫隔离的作用,鸡舍内排出的粉尘是病原微生物的重要载体,是疫病传播的重要媒介。绿化植物可有效阻挡、过滤、吸附鸡舍内排出的粉尘,减少空气中微生物的含量。有些植物本身还能分泌一些具有杀菌作用的物质,也为防疫起到了重要作用。同时,种植的树木成材后还有一定的经济价值,增加养鸡场收益。

场区绿化的缺点是可能会喜迎较多的野鸟来觅食和栖息,而很多野鸟是一些传染病病原的携带者和传播者,对鸡场防疫造成严重威胁。关于鸡场内绿化的利弊问题应该辩证地看待并结合本场实际情况决定是否绿化及绿化程度。对于采用全封闭式鸡舍的肉鸡场只要做好鸡舍防鸟、防鼠措施。采用开放式鸡舍的肉鸡场,环境控制措施较少,降温仍是鸡舍的首要问题,场区绿化可降低环境温度,以及对粉尘的阻挡、吸附作用大于野鸟可能带来的疫病传播风险,只要加强场区消毒和加装防鸟网,场区绿化仍是利大于弊。

第三节　鸡舍建筑与生产设备

鸡舍建筑和生产设备是肉鸡养殖场中最重要的生产设备,也是投资最大的部分,鸡舍建筑与生产设备的好坏直接决定了肉鸡生产的成败。鸡舍建筑和生产设备多重多样,要结合自身实际情况综合考量后选定。影响鸡舍建筑和生产设备选型的因素主要有当地气候条件、投资规模、养殖规模、养殖模式、人工成本、环保要求、防疫要求及其他因素。

一　鸡舍建筑类型

鸡舍建筑类型多种多样,按不同的分类方法有不同类型的鸡舍。按饲养方式可分为笼养鸡舍和平养鸡舍；按养殖鸡的种类可分为种鸡舍、肉鸡舍和蛋鸡舍；按鸡的生产阶段可分为育雏舍、育成舍和产蛋舍；按鸡舍与外界环境联系的情况可分为开放式鸡舍和密闭式鸡舍。

对于肉种鸡养殖场来说，由于其饲养周期较长，鸡舍根据不同养殖阶段可分为育雏舍、育成舍和产蛋舍，也有采用两阶段饲养的，育雏结束后即直接转入产蛋舍。一般商品代肉鸡饲养周期较短，规模化肉鸡舍根据鸡舍与外界环境联系的情况可分为密闭式和有窗式，也有采用相对简陋的大棚式鸡舍。

1.密闭式鸡舍

这类鸡舍也称为无窗鸡舍，密封程度很高，受外界环境影响很小。密闭式鸡舍除在两端有门外，在首尾两端的墙壁上安装有湿帘和风机，在前后两侧墙壁上方安装有应急通风小窗，舍内照明和环境调节全部由机械完成（图2–3）。这类鸡舍自动化程度高、生产效率高、占地面积少，但是造价较高、日常使用成本高，适合大型工厂化养鸡场采用。

图2–3　密闭式鸡舍外观

2.有窗式鸡舍

这类鸡舍在前后两侧墙壁上设置有面积较大的窗户可用于自然采光和通风（图2–4）。有窗式鸡舍与外界环境有一定的交流，尤其是光照时间和强度容易受自然光照变化的影响，且保温性能较密闭式鸡舍差，同时容易受到外界病原微生物的侵袭，防疫难度较大。但其优点是建筑成本稍低，白天可采用自然光照，气温适宜时可采用自然通风，节约用电成本。这种鸡舍适合冬季气温较高的南方中小型养鸡场或养鸡专业户采用。

图2-4　有窗式鸡舍

3.大棚式鸡舍

这类鸡舍通常指以钢管或其他材料为骨架，四周无墙壁或仅有高度在1米左右的砖墙或竹木篱笆，顶部以单层或双层熟料薄膜覆盖的简易式鸡舍，在冬季气温较低的地区，四周可用薄膜围起来保温挡风（图2-5）。大棚式鸡舍与外界环境联系较为紧密，受外界环境影响较大，容易受到外来病原微生物的侵袭，防疫难度大。其优点是造价低廉、设备投资小，适合南方气温较高地区小规模养殖户采用。

二 鸡舍设计原则与规格

1.鸡舍设计原则

鸡舍设计建造既要考虑到鸡舍自身的使用安全、使用年限和工程造

图2-5　大棚式鸡舍

价，还要考虑到其对家禽生产性能的发挥、舍内环境控制的难易等因素。进行肉鸡舍设计与建造时应注意以下原则。

（1）有利于卫生防疫。鸡舍应当有防鼠、防鸟措施，有效阻止通过这些外来动物造成疫病传播。舍内地面应当进行硬化处理，以利于日常生产中的清扫、冲洗和消毒等工作。鸡舍间要留有适当的间距，避免互相之间的不利影响。

（2）有利于生产安全。要求鸡舍能够与外界有较好的隔离，尽量避免鸡舍受到外界因素的影响，以利于生物安全。尤其是密闭式鸡舍，由于所有机械设备都需要用电，电力负荷较大，尤其要注意防火设计要求和电路设计要求，避免发生火灾。此外，还要注意鸡舍本身建筑结构安全，考虑到大风、暴雨、暴雪等极端天气情况，防止房屋垮塌等情况。

（3）有利于生产管理操作。鸡舍规格设计应当与舍内设备规格相匹配，便于后期设备的安装、运行及人员日常生产管理操作。鸡舍高度、长度和宽度要根据采用的设备确定，同时要留有合适宽度的操作走道，便于人员行走和机械通过。

（4）有利于节约资源。鸡舍设计还要考虑屋顶、墙壁、门窗的材质和密封性能，能够起到隔热保温和防风防雨的效果，减少能源消耗；同时，鸡舍设计还要考虑充分利用土地资源,增加土地利用率。

(5)有利于节约投资。鸡舍设计和建造时应对建造成本进行详细核算,根据当地实际情况和气候特点,尽量做到因地制宜、就地取材,在满足先进生产工艺的前提下尽量做到经济实用、节约投资。

2.鸡舍规格

鸡舍规格主要指鸡舍的大小,包括高度、长度和宽度。不同规格的鸡舍养殖肉鸡的数量也不相同。

(1)鸡舍高度。鸡舍房顶通常采用"A"形结构,也有采用弧形结构的鸡舍。肉鸡舍以采用平养方式为主,一般前后墙的高度为2.3~2.8米;房顶的高度受房屋宽度的影响较大,如宽度10米的鸡舍房顶高度为4.5~5.0米,宽度15米的鸡舍房顶高度为5.0~5.5米。一般北方地区鸡舍房顶高度应稍高一些,提高屋顶坡度,避免冬季房顶积雪过多压塌房顶。

(2)鸡舍长度。鸡舍的长度主要受场地和养殖规模的影响,一般鸡舍的长度在50~100米,可在养殖效益和舍内环境控制方面取得较好的平衡;过长的鸡舍对通风设计要求较高,容易出现风机效率降低、舍内温度控制不均匀,前后端温差过大、喂料系统动力也需要加大等问题,会导致投资增加、日常动力消耗增加,而养殖效果并不能达到最好。

(3)鸡舍宽度。鸡舍宽度也称跨度,主要受地形、养殖规模、生产设备等因素的影响。目前,商品代肉鸡和肉种鸡以采用平养方式为主,不同鸡场鸡舍宽度也有很大差异。小型鸡舍宽度不足10米,大型鸡舍宽度可达25米,甚至更大。大跨度的鸡舍中间通常设置1列或多列立柱以支撑屋顶,立柱可为钢结构、钢筋混凝土结构或砖柱等。

(4)鸡舍朝向。鸡舍的朝向应当结合当地所处的地理位置、气候环境,以及鸡场所在位置的具体地形、地势综合考虑,对于有窗式鸡舍或大棚式鸡舍以满足鸡舍的日照、温度和通风要求为主,对于密闭式鸡舍由于其受外界环境的影响较小,主要考虑场地的地形、地势对其朝向的影响。一般情况下,我国大部分地区鸡舍以采用南向或者南偏东45°或南偏西45°以内为宜,可充分利用自然光照和自然风力。

三 生产设备

1.笼具设备

肉鸡养殖主要以平养为主,平养又可分为地面平养和网床平养,地面平养不需要特别的笼具设备,网床平养需要搭建网床。规模化肉种鸡养殖,为了提高养殖效率,有部分种鸡场会采用育雏笼育雏,商品代肉鸡笼养技术目前已有较多研究,肉鸡笼养模式也逐渐得到养殖场的重视,这也促进了肉鸡笼具设备的发展。

(1)网床。网床主要由下面的支柱和上面的床面、垫网组成。支柱通常用角钢焊接而成,也有采用混凝土柱、方木、竹竿等材料作为支架的。床面是铺设在支架上的,一般用钢筋或冷拔钢丝拉扯而成,也有使用竹排或木头等制成,可降低建造成本。垫网是具有大小适中的网孔的富有弹性的塑料网,有利于提高肉鸡在上面走动和休息时的舒适性,避免与坚硬的床面接触造成损伤(图2-6)。

图2-6　高架网床养殖

(2)笼具。育雏笼与肉仔鸡养殖笼结构大同小异,早期多为阶梯式鸡笼(图2-7),现在多为“H”形层叠式鸡笼(图2-8),能够实现自动喂料、饮水,可根据不同养殖规模采用不同层数的笼具。肉鸡笼养可以大大提高鸡舍利用率，提高养殖效率，但是投资相对较大，对设备自动化要求较高，能耗较大。

图2-7　阶梯式鸡笼

图2-8　“H”形层叠式鸡笼

2.喂料设备

喂料设备是肉鸡养殖中的关键设备，负责为鸡舍内的鸡群贮存和输送饲料。肉鸡由于养殖密度大，而且肉鸡采食量大，因此绝大部分肉鸡场均采用自动化喂料设备。喂料设备主要包括贮料塔、输料管线、喂料机。人工喂料主要是采用料筒或食槽。

(1)贮料塔。贮料塔是自动喂料系统中必不可少的一个组成部分，建在鸡舍外靠净道端，主要用来贮存生产好的饲料，既可贮存颗粒料，又可贮存粉料(图2–9)。贮料塔的数量和容积根据每栋鸡舍养殖数量和投资规模确定，一般1栋鸡舍配置1个料塔，也可相邻的2栋鸡舍共用1个料塔。通常饲料在料塔中的贮存时间以2~3天为宜，以免长期放置后饲料变质和营养流失。

图2–9　贮料塔

(2)输料管线。输料管线是连接舍外的贮料塔和舍内喂料机并将饲料从贮料塔输送到喂料机的设备，通常是圆管内套螺旋弹簧，由电动机通过减速器带动圆管内的螺旋弹簧转动，将料塔中的饲料输送到喂料机，再由喂料机将饲料均匀分配到鸡舍内，供鸡群采食(图2–10)。

(3)喂料机。自动喂料机有多种形式，根据不同养殖模式可采用不同的喂料机。

图2-10　鸡舍内输料管线

①链式喂料机。链式喂料机由驱动电机、料箱、食槽、链片、转角轮及清洁器等部分组成，既适用于平养又适用于笼养（图2-11）。这种喂料机具有结构简单、可靠性高、安装方便、使用寿命长等特点，是我国目前肉鸡养殖业中使用最广的一种喂料机。

图2-11　链式喂料机

②螺旋弹簧式喂料机。螺旋弹簧式喂料机主要由驱动电机、料箱、螺旋弹簧式输料管、盘桶式料槽和机尾等部分组成。这种喂料机属直线型喂料设备，适用于平养鸡舍（图2-12）。其工作原理是由驱动电机带动输

料管内的螺旋弹簧将料箱中的饲料向前推进，输料管下侧等距离开设若干个落料口，落料口与下方的盘桶式料槽连接，当饲料经过第一个落料口时会落入下方的料槽内，当第一个料槽装满后饲料会堵住第一个落料口，输料管内的饲料继续向前推进，落入并填满第二个料槽，依次类推，直至将最后一个料槽加满后即可控制电机停止输料。

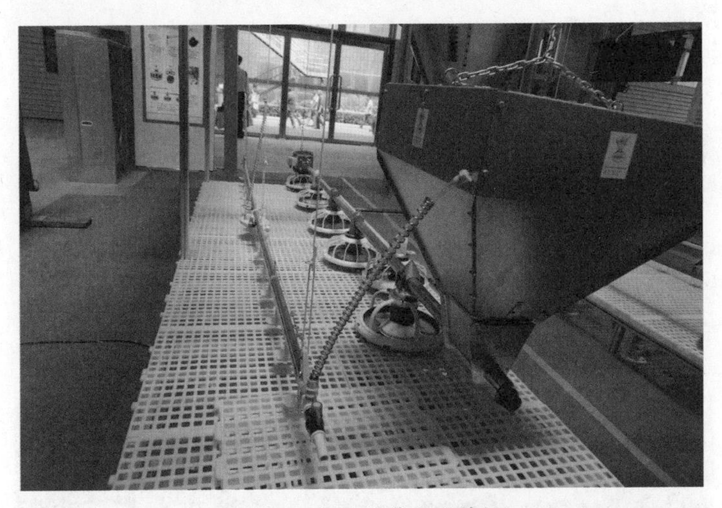

图2-12　螺旋弹簧式喂料机

③行车式喂料机。行车式喂料机主要由顶部料箱、驱动电机和行走机构等部分组成，适用于各种笼养鸡舍，需要与鸡笼外的料槽配套使用(图2-13)。具体形式根据适配的笼具不同而多种多样，但是工作原理大同小异。其工作过程是首先由输料管将料塔中的饲料输送到喂料机顶部料箱内，料箱全部装满后即可由驱动电机带动行走机构沿着鸡笼向前行走，在行走的过程中料箱下部的出料口即可将料箱中的饲料均匀下落至鸡笼外面的料槽中，完成喂料作业。

图2-13　行车式喂料机

④塞盘式喂料机。塞盘式喂料机是由料箱、驱动电机、输料圆管、一根直径为5~6毫米的钢丝和固定在钢丝上的间隔7~8厘米的一个个圆盘组成的。工作时,由驱动电机带动输料管内的钢丝,在经过料箱时由钢丝上的圆盘将饲料带出输送至料槽。这种喂料机由于是在封闭的管道内运行,一旦钢丝或圆盘折断,维修比较麻烦,因而普及率不高。

3.饮水设备

养鸡场常用的饮水设备主要有乳头式饮水器、真空式饮水器、吊塔式饮水器、水槽式饮水器和杯式饮水器等类型,可根据不同养殖模式和鸡舍的具体情况采用不同的饮水器。

(1)乳头式饮水器。乳头式饮水器是养鸡场最常见也是最常用的一种饮水器,由乳头、水管、水箱等部分组成,还可配置加药器(图2–14)。乳头式饮水器封闭性好,清洁卫生,不易被外界环境污染;优质的乳头式饮水器还可节约用水。乳头式饮水器几乎适用于所用的养鸡场合。

图2–14　乳头式饮水器

(2)真空式饮水器。真空式饮水器是利用水压密封真空和大气压强的原理制成,由上部储水的圆桶和下部的饮水盘组成(图2–15)。使用时,先将圆桶开口向上装满饮水,再将饮水盘拧在圆桶开口上,然后将饮水器翻转放置。由于大气压力作用,储水桶内的水只有部分流出到饮水盘内供鸡群引用,待引水盘内水面低于储水桶开口上预留的小孔时空气进入储水桶内,储水桶内的水流出直到高于小孔时不再流出。如此循环,可保持引水盘内适中有水供鸡群引用,直到储水内的水饮用完为止。这种饮水器适用于育雏初期,可放置在地面或网床上,引水盘内水面较低,便于雏鸡饮水,而且由于引水盘中间有储水桶,只有四周可饮水,能有效防止雏鸡进入引水盘污染饮水。真空式饮水器的缺点是需要人工操作,不能自动加水,不适用于饮水量较大时使用,而且需要每天清洗,工作量大。

图2-15 真空式饮水器

(3)吊塔式饮水器。吊塔式饮水器也称普拉松饮水器,其原理与真空式饮水器相同,体积较真空式饮水器大,储水量更多,饮水位置也更大,通过绳索吊在天花板上,并可根据鸡群高度调整饮水器高度。其顶端有进水孔和阀门与主水管相连,可实现自动供水。这种饮水器主要用于平养鸡舍,但是其卫生状况不如乳头式饮水器,其水面容易受到舍内空气、灰尘等的污染。

(4)水槽式饮水器。水槽式饮水器一般有"U"形和"V"形两种。这种饮水器设备简单、成本低,缺点是容易漏水,而且水槽敞开,容易受到鸡粪、饲料、羽毛及舍内环境的污染,需要经常清洗。这种饮水器已经逐渐被淘汰,只在极少部分建场较早、规模较小的鸡场采用。

(5)杯式饮水器。杯式饮水器可分为阀柄式和浮嘴式两种,利用鸡的啄食力或杯内水的重力来控制出水阀的开闭从而保持饮水杯内有一定量的水供鸡群引用。这种饮水器目前在养鸡场极少见到,主要用于鹌鹑、鸽子等养殖场。其缺点是饮水容易受到污染,需要经常清理。

4.温控设备

温控设备可分为加温设备和降温设备,加温设备主要用于育雏阶段,目的是提高鸡舍内温度;降温设备主要用于夏季,目的是降低鸡舍内温度。

(1)保温伞。保温伞主要由伞罩和热源组成。热源主要有电热灯泡、电阻丝、电热管或红外线灯等,可将电能或其他燃料转化为热能。伞罩主要是用金属或木板、纤维板等硬材质制成,也有采用软质的防火布制成,可将伞内热源的热量集中,减少热量散失,提高伞下温度,起到保温防风、节约能源的作用。保温伞通常在平养鸡舍育雏期使用。

(2)红外线灯。红外线灯是利用红外线灯泡散发出的热量供暖,适用于平养育雏,简便易行、安全可靠。通常采用250瓦的红外线灯泡,数个串联在一起,间隔一定距离,悬吊于离地面35~45厘米处,可根据天气条件和鸡只大小调节红外线灯离地高度。为了增加红外线灯的取暖效果,减少热量散失,可在灯泡上部制作1个保温灯罩。

图2-16 热风炉

(3)热风炉。热风炉也称暖风炉,主要由室外热风炉、风机、室内风管和调节风门等部件组成。室外热风炉燃烧煤或天然气等燃料,将空气加热后由风机将热空气通过风管输送到鸡舍内各处,从风门进入鸡舍,从而提高室内温度(图2-16)。这种设备结构简单,热效率高,送热快,成本低,鸡舍内温度均匀性好。

(4)暖气加热。暖气加热是使用专门的锅炉、管道和散热装置,对室内空气进行加热，通常是利用水暖加热（图2–17）。根据散热方式不同可分为散热片加热和地暖加热，散热片加热既适用于平养鸡舍，又适用于笼养鸡舍，地暖加热适用于笼养鸡舍。

图2–17　水暖加热散热片

（5）降温湿帘。湿帘是主要用于夏季舍内温度较高时的降温设备，其原理是当室外热空气通过冷水浸湿的湿帘时，一方面可利用水本身较低的温度直接降低热空气温度，另一方面主要是利用水蒸发吸热降低空气温度。这是夏季降低鸡舍室内温度的主要手段，几乎所有的密闭式鸡舍前段都会安装降温湿帘（图2–18）。

图2–18　降温湿帘

（6）喷雾降温。喷雾降温也是鸡舍内一种辅助降温手段，利用常压或高压喷头将水或消毒液喷向空中或鸡体，利用液体蒸发吸热可降低舍内温度，同时起到带鸡消毒的作用（图2-19）。

图2-19　房顶的喷雾消毒喷头

5.通风设备

通风设备可将鸡舍内污浊的空气、湿气、粉尘和多余的热量排出，引入舍外新鲜空气，改善舍内空气质量，控制舍内温度。除通过门窗等利用自然风进行通风外，机械通风主要是利用各种风机进行通风换气。

（1）轴流式风机。轴流式风机是养鸡场广泛使用的一种通风设备，其吸入和吹出的空气流向与风机叶片轴的方向平行。轴流式风机规格尺寸、风量多种多样，安装位置要求不高，而且叶片旋转方向可以逆转、气流方向也随之逆转。多数肉鸡舍将轴流风机安装在鸡舍末端，气流向外，采用负压通风，将鸡舍内的空气抽出舍外。

（2）环流式风机。环流式风机主要安装在室内高处，一般安装固定在屋顶横梁处。这种风机广泛应用于隧道、温室大棚、畜禽舍内的通风换气。尤其对于横向较长的鸡舍，空气不易流通，可用于接力通风或者促进舍内局部空气流动。

（3）离心式风机。离心式风机利用带叶片的工作轮转动时产生的离心力驱动空气流动，其特点是空气进入风机的方向与离开风机的方向垂直，而且产生的空气压力较强。离心式风机多用在向畜禽舍内送热风或冷风时使用。

（4）吊扇和圆周扇。吊扇和圆周扇一般安装于鸡舍上方的顶棚横梁或者墙内侧壁上，将空气直接吹向鸡体，增加舍内局部区域空气流动，使鸡的体感温度降低。

（5）无动力风扇。无动力风扇通常安装在鸡舍屋顶的高处，不需要动力驱动，靠自然风吹动风帽带动舍内空气排出舍外，起到换气及降温作用。

6.照明设备

光照设备由光源和控制器两部分组成，可实现定时开关灯。光源主要有白炽灯、日光灯、节能灯和发光二极管（LED）灯等。白炽灯价格便宜、投资少，但是发光效率低、易损坏，已逐渐被淘汰。LED灯是近年新出现的一种光源，发光效率高，使用寿命长，越来越多的新建鸡舍采用这种光源。

7.清粪设备

清粪设备可分为人工清粪和机械清粪。人工清粪由于劳动量大、劳动力成本高，现已逐渐被机械清粪所取代。地面垫料散养肉鸡舍通常在一个批次肉鸡出栏后采用铲车等机械进行清理，网床平养鸡舍可采用刮粪板（图2–20）或铲车清理，笼养鸡舍多采用履带式清粪设备（图2–21）。

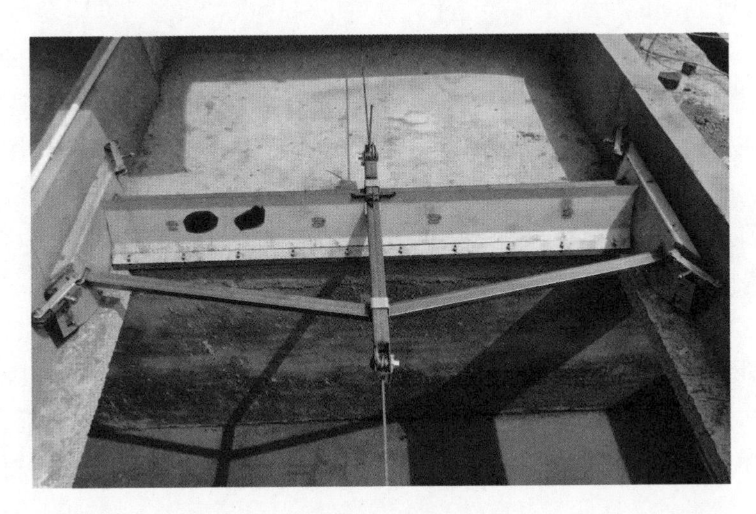

图2–20　刮粪板

图2-21 履带式输粪机

8.卫生消毒设备

(1)高压冲洗消毒机。高压冲洗消毒机由车体、药桶、加压泵、水管和高压喷枪等部件组成,可调节水流压力和水流形状,具有移动能力,既可用于日常鸡舍内外的喷雾消毒,也可用于器具、地面、墙壁的高压冲洗消毒等工作。

(2)火焰消毒器。火焰消毒器利用液化石油气或煤油燃烧产生的高温火焰对鸡舍设备和建筑物表面进行高温消毒的设备,其杀菌率可达97%。通常在鸡舍内鸡群淘汰后,对鸡舍完成了清洗及药物消毒后,再用火焰消毒器对舍内金属笼具、建筑物内外表面和排水沟渠等地进行一次火焰高温消毒,可起到更好的消毒杀菌效果。使用时注意防火,同时做好人员的自身防护,最好佩戴防护眼镜和防火手套等。

(3)自动喷雾消毒器(图2-22)。自动喷雾消毒器通常安装于鸡舍内部、鸡场门口的汽车消毒通道和人员出入消毒通道,用于对鸡舍内部日常带鸡消毒和对出入鸡场的人员、车辆进行消毒。主要由喷头、水管、储药桶和压缩泵等部件组成,可制动控制开启时间,实现定期消毒和定时消毒。

(4)病死鸡处理设备。病死鸡处理是肉鸡养殖场需要重视的问题,为

图2-22　超声波喷雾消毒器

了防止病原体扩散，必须对病死鸡进行无害化处理，确保杀灭病原菌。通常对病死鸡进行焚烧处理或者高温高压蒸煮处理，处理设备有焚烧炉（图2-23）和高温高压灭菌锅。

图2-23　病死鸡焚烧处理间

9.其他设备

为了全部鸡场的正常运转，除以上主要设备外，还需要许多配套设备。如备用发电机、辅助设备周转筐、平板推车等。随着肉鸡养殖设备水平越来越先进、自动化程度越来越高，其对电力的依赖也越来越重，一旦停电，如果不能及时提供备用电力，环控系统停止工作，舍内温度急剧上升，很可能导致鸡群大量死亡，给鸡场造成巨大损失。因此，备用发电机是规模化养鸡场必备的设备，并注意储备一定量的燃料供发电机使用。

第四节　环境控制

鸡舍环境条件不仅影响肉鸡的生长发育、饲料效率，还会影响肉鸡的屠体品质和鸡群健康状况。环境控制的好坏是鸡群能否充分发挥生产性能的重要保障，影响鸡舍环境条件的主要因素有温度、湿度、通风、光照及饲养密度等。只有在饲养期间为鸡群提供良好的生活环境条件，才能保证鸡群的健康和高产。

一　温度控制

温度是肉鸡生长中最为敏感的一个环境因素，直接影响鸡群的成活率、生长速度、饲料转化率及健康状况。因此应根据不同的饲养模式、肉鸡的不同生长阶段、不同的饲养季节，科学合理地控制鸡舍内温度，保证鸡群健康生长。

1.肉鸡养殖温度

不同年龄段的肉鸡对环境温度要求不同，总体是前高后低。雏鸡刚出生时体温调节能力较弱，适应环境能力差，需要较高的环境温度。通常育雏初期舍温设定在33~35℃，注意做好鸡舍保暖工作。随着鸡只日龄增大，身体发育逐渐完善，具有较强的体温调节能力和环境适应能力后，可逐渐降低鸡舍内温度。商品代肉鸡不同日龄鸡舍推荐适宜环境温度见表2–1。

表 2 - 1　商品代肉鸡不同日龄鸡舍推荐适宜环境温度

日龄(天)	鸡体周围温度(℃)	鸡舍温度(℃)
1～3	33～35	27～28
4～7	31～33	25～26
8～14	28～30	23～24
15～21	25～27	21～23
22～28	22～24	18～22
29～出栏	20～24	18～22

2.鸡舍温度管理

鸡舍不同区域、不同高度的温度会有差异，不同时间段也会有差异，面积越大的鸡舍这种差异越大，必须了解这种差异才能更好地控制鸡舍内温度，尽量保持鸡舍内温度平稳、均匀，不可忽高忽低。

育雏前10天是温度管理的重要阶段，尽可能保持室内温度一致，并随日历增加逐渐降低。在采用人工加温期间要经常检查加温设备是否工作正常，尤其是夜间，防止加温设备故障或燃料耗尽导致舍内温度剧烈下降。同时，注意在夜间由于雏鸡活动减少，自身产热下降，而且外界环境温度较白天低，因此夜间可适当调高舍内温度1~2℃。在冬季和早春季节外界环境温度较低，风力较大，要经常检查门窗是否关严，防止贼风进入。鸡群生长后期自身散热加大，而且肉鸡体型大，不耐高温，这时要注意鸡舍温度不可过高。尤其是炎热的夏季，要注意采取通风降温措施，将舍内温度控制在26℃以下，最高不宜超过28℃。

二 湿度控制

湿度也是肉鸡生产中一个重要的环境条件，但是经常被养殖者忽略。肉鸡养殖中第一周的适宜环境相对湿度为65%~70%，第二周为65%，第三周以后为60%。环境湿度过高对肉鸡影响较大，当肉鸡舍内低温高湿时鸡体内热量容易散失，对鸡只造成冷应激，会增加采食量；当鸡舍内高温高湿时，鸡体内热量散发不出去，容易造成热应激或中暑，采食量下降。而且高湿的环境还容易使垫料发霉，有利于各类病毒微生物的繁殖，鸡群发病率上升。环境湿度过低时鸡体内水分大量散失到空气中，导致鸡只饮水增加，采食量减少。总之，只有将舍内湿度控制在适宜范围内，才能保证鸡群健康，发挥出最好的生产性能。

三 通风控制

1.通风原则

肉鸡养殖遵循的通风原则是21日龄前鸡舍应以保温为主、通风为辅，适当换气；22~35日龄要适当加大通风，在保温的同时进行通风；35日龄以后以通风为主；天气炎热的夏季采用湿帘加风机的方式进行通风降温。

2.通风方式

通风方式有多重分类方法，按采用的通风设备可分为机械通风、自然通风和混合通风。

(1)机械通风。机械通风是依靠机械动力，对鸡舍内外空气强制交换，通常依靠风机进行机械通风。机械通风根据通风时鸡舍内外压力差可分为正压通风、负压通风和零压通风；根据舍内气流方向也可分为纵向通风、横向通风和过渡式通风。封闭式鸡舍主要甚至完全依靠机械通风，有窗式鸡舍也大多采用机械通风作为主要通风方式，自然通风为日常辅助通风方式。

(2)自然通风。自然通风是依靠自然风压作用和鸡舍内外温差产生的热压作用，形成空气自然流动，从而使鸡舍内外空气得以交换。一般开放式鸡舍主要依靠自然通风，有窗式鸡舍在非极端天气条件下可采用自然通风以节约用电成本。

(3)混合通风。混合通风是一种同时兼顾了机械通风和自然通风的通风换气方式。根据具体情况，可单独使用一种通风方式，也可两种方式联合使用。

四 光照控制

光照可提供鸡只活动和采食时的照明条件，同时光照还可促进肉鸡的生长发育和性成熟。光照控制可分为光照时间和光照强度。

1.光照时间

雏鸡前3天通常采用24小时光照，有助于雏鸡适应环境和采食、饮水。4日龄后逐渐缩短光照时间至21~22小时，出栏前可适当延长1小时光照，增加肉鸡采食时间，促进体重增加，商品代肉鸡光照程序见表2-2。密闭

表 2-2　商品代肉鸡光照程序

日龄(天)	光照时间(小时)	黑暗时间(小时)	光照强度(勒克斯)
1～3	24	0	≥20
4～7	23	1	≥20
8～21	22	2	20～10,逐渐降低
22～35	21	3	10
36～出栏	逐渐增至 23	减至 1	20

式鸡舍光照时间可完全由灯光控制，有窗式或开放式鸡舍白天利用自然光照，早、晚利用灯光补充光照。

2.光照强度

光照强度也会影响肉鸡生长发育速度和生产性能的发挥。育雏初期可保持较强的光照强度，随着雏鸡视力的提高，逐渐降低光照强度。光照不可过强或过弱，过强会引起肉鸡兴奋，运动量增加，互相打斗、啄癖增加，造成鸡群损伤，降低经济效益；光照过弱则影响鸡只采食、饮水，体重增加变慢，影响上市日期。采用灯光提供人工光照时要注意光照的均匀度问题，灯泡分布要均匀，高度要适当，使灯光均匀照射到地面，不可出现明显的明暗分区。

五 密度控制

肉鸡饲养密度会对舍内环境造成很大影响，同时也会对鸡群的日常活动造成影响。密度过大或过小都不好，合理的饲养密度可以保证鸡群能够均匀采食并有适当的活动空间，从而提高鸡群的整齐度和成活率，更有利于发挥鸡群的生产性能(表2-3)。饲养密度过小则会浪费鸡舍空间资源，而且还会增加加温费用，但是鸡群生长发育良好、发病率低。养殖过程中常见的问题是饲养密度过高。当密度过高时，鸡只会争抢采食和饮水位置，活动空间狭小，容易引起打斗和啄癖，造成损伤。同时密度过高时，鸡群排泄量增加，呼吸代谢量大，造成舍内垫料潮湿、空气污浊，容易引起呼吸道疾病和其他病菌高发。因此，不可为了节约鸡舍和人工等成本而过分追求高密度饲养，这样往往会适得其反、得不偿失。

表 2－3　快大型商品代肉鸡推荐饲养密度

周龄	周末平均体重(克)	垫料地面(只/米^2)	网床平养(只/米^2)
1	165	30	40
2	405	28	35
3	730	25	30
4	1 130	20	25
5	1 585	16	20
6	2 075	12	16
7	2 570	9	11

第三章 肉鸡的营养与饲料

在20世纪80年代前，我国主要采用家庭式饲养当地地方品种鸡为主，它们多为肉蛋兼用型，不仅仅供生产鸡肉，日常以生产鸡蛋为主，农户家中有啥喂啥，不讲究肉鸡营养需要与饲料配制加工技术，大多以玉米、稻谷、麦类、麸糠等原粮为主，不太追求地方品种鸡的生产性能。进入20世纪80年代，国内开始引进国外专门化肉鸡品种进行饲养，以上海大江肉鸡公司为代表的一批规模化、机械化饲养工厂兴起，泰国正大集团也在国内投资建设现代化饲料加工企业，国内动物营养学科迅速发展，围绕专门化肉鸡品种的营养需要研究、商品全价颗粒饲料研发与应用被快速带动，肉鸡产业由原先仅仅关注各地地方品种如安徽的淮北麻鸡、淮南麻黄鸡、皖南黄鸡等，转为兼顾引进的AA肉鸡、艾维茵肉鸡、罗斯308肉鸡等的饲养规模的扩大与更高养殖效益的追求。随后，一批养殖企业为了保留地方鸡外观如毛色、腿型等，特别是肉质风味在消费者中的影响，又想提高其生长速度、降低饲料消耗，于是通过利用地方品种与外来肉鸡品种杂交，培育了一批肉杂鸡品种，如安徽的皖江黄鸡、皖江麻鸡等。到了20世纪80年代末，为了降低肉杂鸡育种的母系品种使用与商品苗生产成本，采用大型肉鸡父母代的公鸡与常规商品代褐羽、粉羽蛋鸡进行人工授精，产出“817”杂交肉鸡。该种肉鸡先在山东兴起，后来在安徽宣城、阜阳等地饲养规模逐步扩大，围绕这一肉杂鸡品种的营养需要研究与专门化饲料生产也被产业所关注。

近年来，随着大众健康意识逐步增强，追求无抗生素等药物残留鸡肉、富集具有保健功效营养素的“功能鸡肉”逐步受到市场欢迎与接受；近期，由于国际豆粕等饲料原料受到地缘政治影响，价格显著提升，围绕低蛋白日粮配制、豆粕减量化应用技术研究，已成为肉鸡营养与饲料生产上的关注热点，对此我们难以回避，也不容忽视。

第一节　国外引进品种鸡营养需要及饲料生产

一、AA肉鸡

AA肉鸡是美国爱拔益加公司育成的白羽四系配套肉用杂交鸡配套系，又名爱拔益加肉鸡。该鸡体型较大，商品代肉用仔鸡羽毛呈白色，生长发育速度快，饲养周期短，饲料转化率高，耐粗饲，适应性和抗病力强，49日龄成活率达98%。商品肉用仔鸡生产性能：6周龄体重1 683克，饲料报酬为1.78:1；7周龄体重2 306克，饲料报酬为1.96:1；8周龄体重2 739克，饲料报酬为2.14:1。（表3–1）

表3－1　AA肉鸡商品代营养需要推荐值

营养成分	0～4周龄	5～8周龄
代谢能（千卡/千克）	2 820	2 900
粗蛋白（%）	21.00	18.00
钙（%）	1.00	0.95
有效磷（%）	0.40	0.40
总磷（%）	0.65	0.60
氯化钠（%）	0.30	0.30
蛋氨酸（%）	0.53	0.40
蛋氨酸＋半胱氨酸（%）	0.90	0.72
赖氨酸（%）	1.05	0.98

新近研究结果表明，饲粮中蛋氨酸:半胱氨酸为0.53%:0.37%时，可显著提高21日龄肉仔鸡的生长性能，增加肠道微生物多样性，提高回肠有益菌群数量，降低致病菌数量，改善肠道健康。

有试验报告指出，采食商品饲料的鸡采用笼养，自4周龄开始大约有5%的鸡出现跛脚，影响了肉鸡的增重。原因可能是由于缺钙或者钙磷不平衡，微量元素锌、锰缺乏或者不平衡，维生素中生物素、泛酸与烟酸缺乏或者供给不平衡等,应引起生产者足够重视。为了确保进口肉鸡高强度营养代谢需要,尤其对各种微量元素、维生素的需要量,建议生产者参考美国最新版NRC饲养标准;在实际生产中如自配饲料,宜采购正规饲料生产企业生产的预混合饲料添加剂来组织生产。后面章节中的艾维茵肉鸡、罗斯308肉鸡等饲料自配以同样方式处理为宜,不再赘述。

二 艾维茵肉鸡

艾维茵肉鸡是美国艾维茵国际有限公司培育的白羽肉鸡品种。祖代种鸡采用四系配套制种方式,父本A、B两系体重大,体躯宽而深,胸、腿部肌肉发达,属于白科尼什肉鸡体型;母本C、D两系体型中等呈椭圆形,体躯紧凑、丰满,羽毛较紧密,属于白洛克杂交型鸡。艾维茵肉鸡为显性白羽肉鸡,体型饱满,胸宽、腿短、黄皮肤,具有增重快、成活率高、饲料报酬高的优良特点。商品代肉用仔鸡羽毛为白色,皮肤黄色而光滑,增重快,饲料转化率高,适应性强,49日龄成活率在98%以上。艾维茵商品代肉鸡7周龄体重为2.92千克，料重比为1.96:1;8周龄体重为3.37千克，料重比为2.10:1。(表3–2)

表3－2　艾维茵肉鸡商品代营养需要推荐

营养成分	0～4周龄	5～8周龄
代谢能(千卡/千克)	2 820	2 900
粗蛋白(%)	21.00	18.00
钙(%)	1.00	0.95
有效磷(%)	0.40	0.40
总磷(%)	0.65	0.60
氯化钠(%)	0.30	0.30
蛋氨酸(%)	0.53	0.40
蛋氨酸＋胱氨酸(%)	0.90	0.72
赖氨酸(%)	1.05	0.98

有试验报告指出,比较AA肉鸡、艾维茵肉鸡两种肉鸡生产性能,在同样饲养条件下8周龄饲养结束时,AA肉鸡比艾维茵肉鸡公、母鸡体重分别重约100克与40克,但8周龄出栏时艾维茵肉鸡比AA肉鸡成活率高,而7周

龄出栏时艾维茵肉鸡比AA肉鸡成活率低，以上差异均不显著。

为了节约饲料成本、降低营养代谢病发病率，采用定量饲喂可控制引进肉鸡蛋白质、脂肪的过度摄入，降低肉鸡腹水症和猝死症发生率；另外，可降低腹脂沉积，提高胴体质量和食用价值。经测算至7周龄时每只定量饲喂鸡比自由采食鸡少耗料225克，经济效益显著。

三 罗斯308肉鸡

罗斯308肉鸡（ROSS 308）是由英国罗斯肉鸡公司培育出来的优良品种，以种鸡出雏率高、肉仔鸡成活率高、生长速度快、饲料报酬高、屠宰率和胸肌率高等优势而广泛分布于世界各地。在国内，上海市新杨种畜场于1989年11月首次从英国罗斯育种公司引进该肉鸡品种，其后农业部国家家禽育种中心于1992年再次引进罗斯308祖代后开始广泛推广。

罗斯308肉鸡的生产优势比较明显。据江苏省家禽科学研究所对罗斯、AA、狄高、罗曼、海波罗、海佩科、星波罗等7个品种生产性能测试，罗斯308肉鸡28日龄成活率达97%，49日龄达97%；8周龄生产性能，公母混养活重2.82千克，累积饲料消耗量为5.98千克，饲料转化率为2.12；99日龄屠宰率为89.67%，胸肌率21.49%。（表3-3）按综合效率系数计算，罗斯308排第一，AA鸡排名第二。

表 3-3　罗斯 308 肉鸡商品代营养需要推荐

营养成分	0～4 周龄	5～8 周龄
代谢能（千卡/千克）	3 200	3 200
粗蛋白（%）	22.00	20.00
钙（%）	1.00	0.95
有效磷（%）	0.40	0.35
总磷（%）	0.55	0.45
氯化钠（%）	0.30	0.30
蛋氨酸（%）	0.53	0.44
蛋氨酸+胱氨酸（%）	0.90	0.75
赖氨酸（%）	1.20	1.05

根据Gompertz模型的计算，罗斯308肉鸡的生长发育速度拐点是34日龄，此后生长发育的速度逐渐减慢，而饲料消耗量仍持续增加；利用技术经济学分析方法确定的罗斯308肉鸡的最佳饲养期是48.8日龄，标准体重可达3.23千克。这一研究结果只适用于该鸡种、特定饲养管理条件、特定时期、特定价格参数的情况。若肉鸡的价格和饲料的价格发生了变化，则最佳出栏时间就会发生相应的变化。若考虑到市场供需关系、疾病等因素的影响，实际出栏时间可做适当调整。

第二节　肉杂鸡营养需要及饲料生产

一　白羽肉杂鸡

白羽肉杂鸡的典型代表是“817”杂交肉鸡。“817”杂交肉鸡由于生产简单、灵活方便，被多数商品蛋鸡和肉种鸡养殖企业生产应用。即采用大型肉鸡父母代的公鸡与常规商品代褐羽、粉羽蛋鸡进行人工授精，获取的受精蛋孵化产出“817”杂交肉鸡苗，一般饲养5~7周，体重在1.3~1.8千克即可出栏。

“817”杂交肉鸡大致有两种配法：一是用世界一流的白羽肉种公鸡作父本，一流的高产蛋鸡作母本，子代为白色，45日龄体重约1 100克。白肉杂鸡经屠宰后主要供应冰鲜鸡市场；二是用世界一流的黄羽、麻羽肉种公鸡作父本，一流有色高产蛋鸡作母本，子代为各地活鸡市场广受欢迎的仿土鸡。

“817”杂交肉鸡的肉质优于快大型白羽肉鸡艾维因等。另外，从生长速度及料重比来看，“817”杂交肉鸡明显优于快大型黄羽肉鸡，其料重比低，胸肌率高及腹脂率低，更适合屠宰。当前，随着对热鲜鸡及冰鲜鸡的大力推广，“817”杂交肉鸡具有较为广阔的市场。据统计，目前我国每年上市的“817”杂交肉鸡超过10亿只，但关于“817”杂交肉鸡的饲料营养研究相对较少。

对生长规律进行系统研究表明，“817”杂交肉鸡的体质量随日龄的增加呈“S”形变化，绝对增质量在6周龄时达到最高峰，7周龄后开始下降；

日均增质量在6周龄时达到最大(45.50克/天),7周龄开始降低(42.60克/天),8周龄大幅降低(32.60克/天);另外,周耗料量在7周龄时达到最大,8周龄开始降低,同时周料重比在8周龄时大幅增加(从3.29到3.65)。(表3-4)从以上数据来看,“817”肉杂鸡的上市日龄不宜超过50天。从“817”肉杂鸡的相对生长速度来看,前3周生长速度相对较快,4~7周大幅降低。“817”肉杂鸡的饲料营养大致可分为2个阶段,即0~3周龄和4~7周龄。

表3-4 “817”肉鸡商品代营养需要推荐

营养成分	0～3周龄	4～7周龄
代谢能(千卡/千克)	2 900	2 950
粗蛋白(%)	21.00	19.00
钙(%)	1.00	0.90
有效磷(%)	0.40	0.32
总磷(%)	0.55	0.43
氯化钠(%)	0.30	0.30
蛋氨酸(%)	0.52	0.45
蛋氨酸+胱氨酸(%)	0.89	0.75
赖氨酸(%)	1.10	1.00

二 黄羽肉鸡

黄羽肉鸡按照生长速度可分为3种类型:快速型、中速型、慢速型(优质型)。其上市时间分别为40~60天、70~80天、100~120天。

1.岭南黄鸡

岭南黄鸡成鸡体型比石岐杂大,外貌特征与石岐杂相似。它胸深背宽,单冠直立,脚、跖部及皮肤为淡黄色或橙黄色,眼圆大,虹彩橙黄,脚中等粗细。公鸡体羽以棕色为主,顶羽可见花斑,梳羽蓑羽有光泽,主、副翼羽带有不同程度的黑色条斑,尾羽黑色为主;母鸡羽色分为黄羽和黄麻羽两种,多数母鸡颈羽有黑色环斑,主、副翼羽和尾羽可见不同程度的黑色条斑。

岭南黄鸡有Ⅰ号(中速型)、Ⅱ号(快速型)、Ⅲ号(优质型)配套系。其中Ⅰ号、Ⅱ号已于2002年通过了国家家禽品种审定委员会审定,岭南黄鸡Ⅲ号配套系2010年通过国家畜禽品种审定委员会新品种（配套系）审定。商品代可羽速自别雌雄，公鸡为慢羽，母鸡为快羽，准确率在99%以上。（表3–5）

表3－5　岭南黄鸡商品代生产性能

类型	周龄	性别	体重(克)	料肉比
Ⅰ号(中速型)	8	公	1 340	2.14∶1
	10	母	1 450	2.55∶1
Ⅱ号(快速型)	6	公	1 431	1.65∶1
	6	母	1 174	2.01∶1
Ⅲ号(优质型)	10	公	1 500	2.80∶1
	14	母	1 250	3.10∶1

外貌特征：岭南黄鸡Ⅰ号商品代为快羽，具有"三黄"特征。公鸡羽毛呈金黄色，母鸡全身羽毛呈黄色，部分鸡颈羽、主翼羽、尾羽为麻黄色。黄胫、黄皮肤。体型呈楔形。快长，早熟特点。

有试验结果指出，0~4周龄、5~8周龄、9~12周龄和13~15周龄慢速型黄羽肉鸡代谢能和粗蛋白质水平分别为3 000千卡/千克（1卡=4.184焦耳，后同）和20%，3 200千卡/千克和17%，3 200千卡/千克和16%，3 200千卡/千克和15%。

综合考虑生产性能和氮利用率指标得出，22~42日龄快大型黄羽肉鸡饲粮粗蛋白质水平为16%时，其理想氨基酸平衡比例为赖氨酸(Lys):蛋氨酸(Met):苏氨酸(Thr):色氨酸(Trp):异亮氨酸(Ile)=100:44.4:77.8:20:76.7。43~63日龄，综合考虑生产性能、氮利用率和胸肌率各项指标得出，氨基酸平衡比例为Lys:Met:Thr:Trp:Ile=100:37.3:85.3:22.7:68.3，相应的粗蛋白质水平为13%。（表3–6）

表3－6　岭南黄鸡(中速型)商品代营养需要推荐

营养成分	0～4周龄	5～12周龄	13～22周龄	23～26周龄	27～43周龄
代谢能(千卡/千克)	2 900	2 800	2 700	2 850	2 850
粗蛋白(%)	19.00	17.00	14.00	16.00	18.00
钙(%)	1.00	0.90	0.90	1.90	2.25

续表

营养成分	0～4 周龄	5～12 周龄	13～22 周龄	23～26 周龄	27～43 周龄
有效磷(%)	0.40	0.30	0.30	0.40	0.42
总磷(%)	0.55	0.43	0.43	0.55	0.58
氯化钠(%)	0.30	0.30	0.30	0.30	0.30
蛋氨酸(%)	0.44	0.30	0.28	0.40	0.45
蛋氨酸＋胱氨酸(%)	0.80	0.70	0.55	0.80	0.90
赖氨酸(%)	1.00	0.80	0.65	0.90	1.00

2.新广黄鸡

由佛山市新广畜牧发展有限公司通过杂交配套培育的黄羽配套系，有K90(中速型)和K99(快速型)两个配套系。外貌特征:商品代肉鸡黄麻羽,脚短身圆,胸肌丰满,体型呈圆筒状,腿肌发达,体型中等。

2010年农业部发布公告，确认新广黄鸡K996等5个畜禽新品种配套系通过审定,由国家畜禽遗传资源委员会颁发畜禽新品种、配套系证书。

生产性能:K90商品鸡70日龄公鸡平均体重为1.85千克、料肉比为2.35:1,母鸡1.45千克、料肉比为2.55:1。新广黄鸡K99商品鸡50日龄公鸡平均体重为1.50千克、料肉比为1.90:1,70日龄母鸡平均体重为1.65千克、料肉比为2.50:1。

目前关于新广黄鸡的营养需要量研究资料有限，可以参照岭南黄鸡商品代营养需要推荐值进行饲料配制。

3.皖江黄鸡、皖江麻鸡

皖江黄鸡、皖江麻鸡是安徽华卫集团禽业有限公司和安徽农业大学共同培育的快速型配套系。皖江黄鸡商品代肉鸡具有“三黄”特点,皖江麻鸡具有麻羽、青脚特征。

商品代生产性能:根据农业部家禽品质监督检验测试中心(扬州)的测定结果(2006—2007年),皖江黄鸡、皖江麻鸡商品代肉鸡7周龄平均体重均为1.59千克,饲料转化率为2.21:1,成活率为98.4%。(表3–7)

表 3-7 皖江黄鸡商品代营养需要推荐

营养成分	0～3 周龄	4～7 周龄
代谢能(千卡/千克)	2 820	2 900
粗蛋白(%)	19.00	16.00
钙(%)	1.00	0.95
有效磷(%)	0.40	0.40
总磷(%)	0.65	0.60
氯化钠(%)	0.30	0.30
蛋氨酸(%)	0.46	0.40
蛋氨酸+胱氨酸(%)	0.85	0.72
赖氨酸(%)	1.05	0.98

第三节 地方品种鸡营养需要及饲料生产

一 淮南麻黄鸡

“淮南麻黄鸡”(原称“霍邱鸡”)是我国著名的肉蛋兼用型优质地方良种鸡,主要分布于安徽省淮南市及沿淮丘陵地区,该品种具有耐粗饲、抗逆性强等特点,长期以来深受当地群众的喜爱。由于早期淮南麻黄鸡大多为农户自繁自养,留种随意,导致品种性能退化。1989年“蛋鸡杂交组合优选研究”项目组从六安等地农村选购淮南麻黄鸡进行提纯选育及杂交利用研究。继而,1994—1996年国家自然科学基金资助的“蛋鸡早期选种血液生化指标综合选择指数的研究”项目进一步对该鸡进行提纯选育研究。经过8个世代的提纯选育,羽色纯度达到98%,胫铁青色纯度达到100%。产蛋性能有了显著提高,平均开产145日龄,年平均产蛋量为160枚,比1世代提高16.45%,2月龄雏鸡体重为0.70千克。杂交商品代2月龄体重为1.00千克,料肉比为2.5:1。

外貌特征:公鸡胸深背宽,前躯发达,羽色呈金红色和黄色,镰羽多带黑色而富青铜光泽;母鸡体躯丰满,羽色以麻黄色和黄色为主。胫、喙青黑色，单冠直立；尾羽墨绿色，公鸡佛手羽或直羽。

生产性能：据淮南市农科所淮南麻黄鸡原种场饲养试验测定，130日龄公鸡平均体重为1.89千克，母鸡为1.44千克，混合群料肉比为3.6:1。（表3–8）

表3-8　淮南麻黄鸡商品代营养需要推荐

营养成分	0～6周龄	7～12周龄	13～21周龄	22～26周龄	27～43周龄
代谢能（千卡/千克）	2 900	3 000	2 750	2 850	2 850
粗蛋白（%）	20.00	17.00	14.00	16.00	18.00
钙（%）	1.00	0.85	0.90	1.90	2.25
有效磷（%）	0.45	0.40	0.30	0.40	0.42
总磷（%）	0.55	0.50	0.43	0.55	0.58
氯化钠（%）	0.30	0.30	0.30	0.30	0.30
蛋氨酸（%）	0.44	0.35	0.28	0.40	0.45
蛋氨酸＋胱氨酸（%）	0.80	0.70	0.55	0.80	0.90
赖氨酸（%）	1.00	0.85	0.65	0.90	1.00

二　皖南三黄鸡

皖南三黄鸡又称宣州鸡，属中型肉蛋兼用型地方品种。该品种经过长期人工选育和自然驯化而形成，具有野外放牧、觅食力强、适应性广、耐粗饲、抗病力强等特点，可适应以放牧饲养为主的各种饲养模式（如山林养鸡、茶园养鸡、桑园养鸡等），能适应在中国大部分省份饲养，多种饲养形式下的皖南三黄鸡成活率超过90%，生产性能发挥正常。2002年开始从保护皖南三黄鸡出发，宣城山中鲜家禽育种有限公司对该品种提纯复壮后，进一步将现代家禽遗传育种理论应用于选种，提高其生产性能和建立新的特优质肉鸡配套系“山中鲜”，目前该配套系在优质鸡生产中推广应用较广。

外貌特征：皖南三黄鸡以黄腿、黄嘴、黄羽毛为特征，体型中等，体躯较窄，后躯较发达，皮肤呈白色。公鸡姿势雄伟而健壮，羽毛呈金黄色，尾羽呈黑色、上翘，腿细长；母鸡体躯丰满，呈楔形，前躯紧凑，后躯圆大，羽毛呈黄色。雏鸡绒毛呈黄色。

生产性能：皖南三黄鸡12周龄公、母鸡平均体重0.84千克，16周龄公鸡1.15千克，母鸡0.91千克。（表3–9）

表 3－9　皖南三黄鸡商品代营养需要推荐

营养成分	0～6 周龄	7～15 周龄	16～21 周龄	22～26 周龄	27～43 周龄
代谢能（千卡/千克）	3 000	2 550	2 500	2 900	2 850
粗蛋白（%）	19.50	15.50	14.00	15.00	17.00
钙（%）	1.00	0.85	0.90	1.90	2.25
有效磷（%）	0.45	0.40	0.30	0.40	0.42
总磷（%）	0.55	0.50	0.43	0.55	0.58
氯化钠（%）	0.30	0.30	0.30	0.30	0.30
蛋氨酸（%）	0.44	0.35	0.28	0.35	0.40
蛋氨酸＋胱氨酸（%）	0.80	0.70	0.55	0.70	0.80
赖氨酸（%）	1.00	0.85	0.65	0.85	0.90

三 淮北麻鸡

淮北麻鸡俗称宿县麻鸡、符离麻鸡等，属兼用型地方品种。淮北麻鸡原产地和中心产区为安徽省宿州市，主要分布于宿州市、淮北市及濉溪、萧县、灵璧等地。淮北麻鸡以屠宰率高、胴体美观、肉的品质好著称，体型小而匀称，是我国优秀的小型肉蛋兼用型地方品种，是制作符离集烧鸡的主要原料。

外貌特征：淮北麻鸡体型较小，体躯窄，体格匀称、紧凑，羽毛丰满。头较小，少数为凤头。喙、胫呈铁青色。公鸡全身被金黄色羽，尾羽、主冀羽呈黑色且具有青铜色光泽；母鸡羽毛呈麻黄色，尾羽、主冀羽呈黑色。雏鸡绒毛呈淡黄色，有少量灰绒和黑绒背脊。

生产性能：在地面垫料平养、常规饲养管理条件下，淮北麻鸡12周龄鸡平均重0.69千克；20周龄公鸡为1.35千克，母鸡为1.18千克。（表3–10）

表 3-10 淮北麻鸡商品代营养需要推荐

营养成分	0～6 周龄	7～15 周龄	16～21 周龄	22～26 周龄	27～43 周龄
代谢能(千卡/千克)	2 850	2 750	2 500	2 750	2 850
粗蛋白(%)	17.80	17.00	14.00	16.50	17.00
钙(%)	1.00	0.85	0.90	1.85	2.25
有效磷(%)	0.45	0.40	0.30	0.40	0.42
总磷(%)	0.55	0.50	0.43	0.55	0.58
氯化钠(%)	0.30	0.30	0.30	0.30	0.30
蛋氨酸(%)	0.44	0.40	0.28	0.40	0.45
蛋氨酸+胱氨酸(%)	0.80	0.75	0.55	0.75	0.80
赖氨酸(%)	1.00	0.90	0.65	0.90	0.95

四 五华鸡

五华鸡原名平铺麻黄鸡，2009年经国家家禽遗传资源委员会审定，被列入国家畜禽遗传资源保护目录，并更名为“五华鸡”，是安徽省芜湖市唯一一个国家级优质畜禽地方品种。五华鸡主要分布于芜湖市的繁昌区、湾沚区、南陵县、无为市，以及池州、铜陵等地，核心产区位于繁昌区。其个体中等大小，羽色偏黄中夹杂着一些麻点，耳叶红中带白斑，并具有青喙、青胫、青爪(趾)“三青”特点。农村绝大部分养殖户采取老母鸡抱窝的方式自繁、自孵、自养，并采用逐代以互换大鸡蛋的方式留种，避免了长期近交退化，使这一地方的资源优良特性得以保留下来，并把它称为当地“土鸡之王”。近几年，作为“土鸡之王”的五华鸡，因其肉质细嫩鲜美、风味独特、营养丰富而越来越被人们所认可，其潜在的经济效益和社会效益越来越被当地政府和群众所重视。

外貌特征：五华鸡体型中等。喙、胫呈青色；皮肤呈白色。公鸡胸深且略向前突，呈马鞍形，羽毛紧密、呈金黄色，镰羽呈黑色、富有光泽。母鸡体躯丰满，前躯紧凑，后躯圆大；羽毛呈黄色或麻黄色。雏鸡绒毛呈浅黄色。

生产性能：五华鸡13周龄公鸡平均重1.22千克，母鸡1.00千克。目前关于五华鸡的营养需要量研究资料有限，可以参照淮北麻鸡商品代营养需要推荐值进行饲料配制。

五 固始鸡

固始鸡属肉蛋兼用型，是国家重点保护畜禽品种之一，其肉质细嫩、肉味鲜美、汤汁醇厚，为传统滋补佳品。自然散养的固始鸡自由觅食，食青草、小虫，所产的鲜蛋俗称“笨蛋”，具有蛋壳厚、耐贮运、蛋清稠、蛋黄色深、营养丰富、风味独特、无污染、无药物残留等特点。早在明清时期就被列为宫廷贡品，20世纪50年代开始出口到东南亚地区，20世纪六七十年代被指定为京、津、沪特供商品，素有“中国土鸡之王”和“王牌鸡蛋”之美誉。

外貌特征：固始鸡个体中等，外观清秀灵活，体形细致紧凑，结构匀称，羽毛丰满，全身羽色分浅黄、少数黑羽和白羽；固始鸡冠型分为单冠与豆冠两种，以单冠者居多，冠直立，冠后缘冠叶分叉；喙短略弯曲，青黄色，胫呈靛青色，四趾，无胫羽，尾羽分为佛手状尾和直尾两种。雏鸡绒毛呈黄色，头顶有深褐色绒羽带，背部沿脊柱有深褐色绒羽带，两侧有4条黑色绒羽带。

生产性能：固始鸡早期增重速度慢，60日龄体重公、母鸡平均为0.27千克；90日龄体重公鸡0.48千克，母鸡0.35千克；180日龄体重公鸡为1.27千克，母鸡0.97千克；150日龄半净膛屠宰率公鸡为81.76%，母鸡为80.16%；全净膛屠宰率公鸡为73.92%，母鸡为70.65%。据对225只母鸡个体记录测定，年平均产蛋量为141.2±0.35个，产蛋主要集中于3—6月份。从商品蛋中随机取样测定500个蛋，平均蛋重为51.4克，蛋壳呈褐色，蛋黄呈深黄色，蛋壳厚0.35毫米，蛋形指数为1.32。近年来，河南三高集团利用品系配套杂交生产的商品代，70日龄体重在1.20~1.30千克，料肉比为(2.5~2.8):1，仔鸡上市率在94%以上。（表3-11）

适应区域：原产河南省固始县，分布于河南商城、新县、淮宾等及安徽的霍邱、金寨等县。

表 3－11　固始鸡商品代营养需要推荐

营养成分	0～4 周龄	5～8 周龄	9～12 周龄	13～18 周龄	19～43 周龄
代谢能(千卡/千克)	2 950	3 000	3 000	2 900	2 850
粗蛋白(%)	20.00	18.00	16.00	13.50	16.50
钙(%)	1.00	0.85	0.90	0.95	1.85～2.25
有效磷(%)	0.45	0.40	0.30	0.45	0.42
总磷(%)	0.55	0.50	0.43	0.65	0.58
氯化钠(%)	0.30	0.30	0.30	0.30	0.30
蛋氨酸(%)	0.45	0.40	0.38	0.30	0.40
蛋氨酸＋胱氨酸(%)	0.80	0.75	0.75	0.70	0.75
赖氨酸(%)	1.00	0.95	0.90	0.70	0.90

六 广西三黄鸡

广西三黄鸡，俗名三黄鸡，因喙黄、皮黄、胫黄而得名，属肉用型地方鸡品种。传统中心产区为广西桂平市麻垌镇和江口镇、平南县大安镇、岑溪市糯垌镇、贺州市信都镇。经选育繁殖的三黄鸡主要产区在玉林市的北流、博白、容县及梧州市的岑溪等地。躯体短小而丰满，外貌清秀，屠宰去羽毛后的躯干，形状略如柚子形，前躯较小，后躯肥大，胸部两侧的肌肉隆起饱满，皮下脂肪丰满，皮质油亮光泽，毛孔排列整齐紧密。肉白色，喙黄色，脚胫、爪黄色，皮肤黄色。肉质嫩滑，皮脆骨软，味道鲜美。

外貌特征：体型似长方体。喙黄色，胫黄色，少数胫肉色；皮肤黄色和白色。公鸡羽色绛红色，母鸡羽毛黄色；主翼羽和副翼羽常带黑边和黑斑，尾羽也多黑色。

生产性能：120日龄公鸡1千克，母鸡0.99千克；成年公鸡2.05千克，母鸡1.6千克。（表3–12）

表 3－12　广西三黄鸡商品代营养需要推荐

营养成分	0～6 周龄	7～15 周龄	16～20 周龄	21～26 周龄	27～43 周龄
代谢能(千卡/千克)	2 900	2 800	2 500	2 750	2 850
粗蛋白(%)	20.00	17.00	15.50	16.50	17.00

续表

营养成分	0～6 周龄	7～15 周龄	16～20 周龄	21～26 周龄	27～43 周龄
钙(%)	0.90	0.85	0.90	1.85	2.25
有效磷(%)	0.45	0.40	0.30	0.40	0.42
总磷(%)	0.55	0.50	0.43	0.55	0.58
氯化钠(%)	0.30	0.30	0.30	0.30	0.30
蛋氨酸(%)	0.45	0.40	0.30	0.40	0.45
蛋氨酸+胱氨酸(%)	0.80	0.68	0.55	0.75	0.80
赖氨酸(%)	1.10	0.85	0.80	0.85	0.90

第四节　功能营养特色肉鸡生产

一　功能鸡肉概念及其发展趋势

1.功能鸡肉的概念

功能鸡肉是功能农业中的一个产品类型，通过在饲料或者饮水中强化某种具有显著改善人类健康的非常规营养素，集成应用动物营养最新研究成果，使目标营养素在鸡肉中有效富集，人类通过食入这种营养强化的鸡肉达到改善自身营养供给、提高免疫力与健康水平的目的。非常规营养素是指超出常规畜禽营养需要量或者常规饲粮中不含有或者含量很低的一类营养素，目前在肉鸡生产上常见的有n-3高不饱和脂肪酸、共轭亚油酸、天然色素、有机硒、有机锌、有机铁等。

2.功能鸡肉的生产发展趋势

谈到功能鸡肉的生产发展趋势，首先要回顾功能农业的诞生。我国功能农业的提起可追溯至2008年，最早成型于赵其国院士牵头编纂的《中国至2050年农业科技发展路线图》。在该书中，对于未来40年中国农业发展方向，赵其国院士提及“农产品的营养化、功能化”，进而凝练形成“功能农业”。

功能农业的提出顺应了两大趋势：一是消费者“吃出健康”的需求越来越旺盛，“吃得好、吃得健康”成为老百姓美好生活的生动注解，这些都需要农产品的健康内涵进一步丰富，也需要更多科技来支撑实现；二是在高产农业、绿色农业走向普及化之后，需要新兴科技对农业未来方向起到引领作用。

功能农业的概念也在不断地优化，譬如，以“3H理念（healthy soil，healthy crops，healthy people）”为基础，最初提到“通过生物营养强化技术生产的健康改善功能的农产品”，后来意识到功能农业不单对于功能性营养成分的提高，还应包括对于某些营养素的降低或优化，以满足特定消费需求，不单对于矿物质、维生素，还应包含不断发现的动植物源有益化合物。

发展趋势是从地质环境、土壤环境、作物栽培至动物养殖的前端生产技术研究与成果集成运用，进而顾及后续的食品加工、营养干预与标准制定等，通过不断深入研究与新产品研发，降低生产成本，配套制定系列法规与产品标准，最终惠及广大普通消费者。

二 肉鸡功能营养的富集生产实践

1.富硒鸡肉（鸡蛋）生产

我国从东北至西南狭长的占国土面积约1/3的土壤，硒含量不足或者严重匮乏，不足以保障在其上生长的农作物或养殖的畜禽，可以获得足够的硒吸收或供给量。安徽省多数地市土壤含硒量偏低，其上生长的作物与牧草硒水平低于0.1毫克/千克。因此，通过强化普通食物硒含量以提高大众健康水平已显迫切。

已知与缺硒有关的疾病有40多种，其中包括恶性肿瘤，我国每年有70多万人死于癌症。因此，适当摄入硒元素可有效防止癌症（乳腺癌、前列腺癌、食道癌、肝癌、肺癌）的发生；自2020年新冠疫情发生以来，笔者曾经对2020年度湖北省各市新型冠状病毒感染肺炎发病率、发病死亡率与当地土壤硒含量进行统计学相关性分析，得出土壤硒含量最高的恩施地区居民新冠发生率、发病死亡率全省最低，比生态环境良好的神农架地区新冠发病率还低47.55%。临床试验表明，食用高硒蛋及富硒鸡肉30~40天，具有抗癌、延缓衰老，防治心绞痛、心肌梗死、脑血栓、风湿性关节炎、前列腺癌与乳腺癌等疾病的效果。

（1）技术手段：

①低利用率的无机态硒元素通过饲用昆虫（如黄粉虫、蝇蛆、黑水虻等）、牧草等富集，再用昆虫、牧草饲喂肉鸡可显著提高硒元素在鸡肉和鸡蛋中的沉积；昆虫蛋白粉、苜蓿草粉营养平衡，是可开发的非常规饲用蛋白源。

②使用天然富硒原料如富硒蒜粉（山东、青海产）、富硒菜籽饼粕（湖北恩施、陕西紫阳等地区生产）、富硒紫云英草粉（安徽桐城）等。

③应用发酵产品：如富硒酵母、硒蛋氨酸等。

（2）产品目标：功能鸡肉及鸡蛋每千克食用组织硒含量在0.5毫克以上。

2.富含n-3高不饱和脂肪酸鸡蛋（鸡肉）生产

已有大量实验数据证明人类健康因采食缺少n-3脂肪酸食物而受到影响，同时通过改吃富含n-3脂肪酸食物而得益。美国心脏协会（American Heart Association，AHA）推荐增加n-3脂肪酸日摄入量可以降低心血管疾病的发病风险。

消费者越来越注重通过饮食摄取有类似n-3脂肪酸这种功能的营养成分，地方土鸡往往是肉蛋兼用型，所产鸡肉、鸡蛋都是该类型肉鸡生产的禽产品，其中土鸡蛋就是提供健康促进剂n-3脂肪酸的最适宜产品。比如每日食用2枚由饲喂添加亚麻荠与亚麻籽日粮的土鸡蛋，就可以获取300毫克n-3脂肪酸，其中150毫克以上为22碳长链脂肪酸。

影响鸡蛋品质与营养成分的主要因素有日粮构成及其脂肪酸类型、蛋鸡品种。蛋黄组成受控于日粮提供的营养，改变产蛋鸡日粮脂肪酸供给，经过科学调控将直接或在肝脏通过酰基链延长或者脱饱和的间接方式改变蛋黄脂肪酸构成。

（1）技术手段：因世界各地饲料资源差异很大，原料中n-3脂肪酸的含量变幅也大，现实中使用的营养调控方法千差万别。

基于我国国民膳食n-3脂肪酸摄入普遍不足的现状，有许多研究探讨用富含n-3脂肪酸日粮来饲喂产蛋鸡，以期生产富含n-3脂肪酸的鸡蛋。常见有应用含n-3脂肪酸较高的鱼粉或者鱼油配制蛋鸡饲料来生产富含n-3的鸡蛋；同样在产蛋鸡日粮中添加亚麻籽粉也可生产出富含n-3的鸡蛋，尽管鸡蛋有点鱼腥味。

韩国市场近年来倾向向蛋鸡饲料中添加一种或多种功能性原料，主要原料如下：cheonggukjang（应用芽孢杆菌而不是真菌快速发酵的豆粕粉）、kimchi乳酸菌、强化大蒜素的大蒜粉、木醋、红椒提取物、中草药（韩国红参、绿茶粉、大蒜、姜黄、玉竹等）、炭粉、黄土，抗氧化维生素如维生素E、维生素C，食用牛黄粉、海藻、甲壳纲动物（如蟹、虾）的外壳、蘑菇等，用这些功能性有益原料来强化饲料是生产特别价值鸡蛋的经典方法。

尽管传统的亚麻籽是生产富含n-3脂肪酸鸡蛋的良好原料，但从降低成本考虑，探讨使用高蛋白含量及残油约5%的亚麻芥饼替代亚麻籽，可能在经济上更有益。有学者比较了菜籽饼、亚麻饼与大麻饼3种不同油籽饼粕对蛋鸡蛋黄脂肪酸构成影响，添加量不超过10%对蛋鸡生产性能无负面影响，但同时显著提高了n-3脂肪酸在蛋黄中的富集，随着油饼添加量上升（由5%上升至15%），蛋黄比例下降，蛋白比例上升；其中饲喂亚麻饼试鸡较其他二组试鸡饲料转化率低，但饲喂亚麻饼试鸡蛋黄中n-3脂肪酸含量最高（3.85%）、大麻饼次之（2.40%），菜籽饼最少（1.58%）。

（2）产品目标：每日食用2枚由饲喂含安徽本土饲料原料营养调控日粮（专利技术保护）生产的鸡蛋，就可以获取300毫克n-3脂肪酸，其中150毫克以上为22碳长链脂肪酸（DHA）。

3.富集天然色素的鸡肉（鸡蛋）生产

集约养殖的优质鸡相较于放牧状态下的肉鸡，食源结构发生了变化，现尽管进行“放生态”日粮模拟，但往往还是难以达到预期效果。比如天然色素摄入不足或加工破坏（烘干玉米、草粉、玉米蛋白粉），从而导致鸡油、蛋黄色泽不足，影响外观、营养与风味，商品售价难以提升。

由此使用色素饲料添加剂难以避免。但添加剂有天然（万寿菊提取物、辣椒红素等）与合成之分；合成中有合规（如加丽素红、加丽素黄等）与违规（如柠檬黄、苋菜红等化工色素）之分。

传统的小农式分散养殖情况下，产蛋鸡是在放牧与补饲结合下饲喂，蛋鸡可以根据自身的营养需求，放牧时自由采食野外的昆虫、草芽等，它们富含多氧类叶黄素——虾青素与杏菌红素，这两种色素均为构成蛋黄红色的主要色源；补饲的多为稻谷类，其营养特点是低钙富不饱和长链脂肪酸、维生素E，这些因素对产蛋鸡吸收上述的色素非常有益，因此这种天然的完美搭配无意成就了人们获得红心鸡蛋的追求。

规模化养殖后，鸡的放牧空间大大缩小甚至没有，为了追求产蛋量，常使用全价蛋鸡日粮替代稻谷、玉米等。在常规的"玉米-豆粕"型日粮中，天然叶黄素的含量只有10~12毫克/千克，而按照美国NRC建议，产蛋鸡饲料应含60毫克/千克，因此必须使用富含叶黄素的饲料原料(玉米蛋白粉、苜蓿草粉等)或/和添加天然色素(万寿菊花瓣提取物、辣椒红素等)，方可达到满意的鸡蛋蛋黄色度。

至于添加合成饲料色素添加剂，目前国内允许使用的能提高蛋黄着色效果的饲用合成色素，有广东智特奇公司的加丽红，其有效成分是杏菌红素(10%)；加丽黄，其有效成分是β-阿朴-8/-胡萝卜素乙酯或β-阿朴-8/-胡萝卜醛(10%)。由于它们是由真菌发酵合成提取与/或简单化学修饰，并经过严格的安全性试验，就像食用的维生素药丸，在规定添加剂量下可视为安全。

养鸡户使用的饲料添加剂俗称"药"，如果是上述的合成色素，仍然可放心食用，不必谈"红"色变。但如使用的是其他工业色素，如违规的柠檬黄、苋菜红等，其在动物体内的沉积可通过食物链而导致人类的"三致"(致畸、致突变、致癌)及其他毒性，必须严格禁止。

普遍使用的色素"斑蝥黄"，尽管欧盟、美国及我国的饲料法规目前还未严禁限制它的使用，但已发现大量食用含有这种色素的人工饲养的鲑鱼(三文鱼)，容易引起人视网膜色素沉积，从而影响视力，故欧盟已严格限制用量。从世界范围来看，当前食用色素使用方面天然色素已占主导地位，饲用色素也是如此，将朝着天然色素添加剂方向发展。

(1)技术手段：

①日粮配方中提高富含色素的原料(如玉米蛋白粉、黄玉米、苜蓿草粉等)占比。

②为了食品安全与功能营养禽产品生产，尽管成本较高，仍推荐在配方中使用天然色素饲料添加剂，必须限量、慎用合成色素饲料添加剂。

③改变土鸡养殖方式，推广林下草地放养；开发青绿饲料源，特别是水生植物(如天然湖泊的苦草、菹草等)，作为补充饲料供给。

(2)产品目标：鸡皮脂、腹脂与肠系膜脂肪、蛋黄等色泽达到自然放养水平，以罗氏比色扇检测在10级以上，外观油黄、亮丽。

第五节　肉鸡无抗饲料生产实践

一　相关政策更替与术语解读

2019年7月9日农业农村部公告（第194号）规定：从2020年1月1日起，退出除中药外的所有促生长类药物饲料添加剂品种，停止生产含有促生长类药物饲料添加剂（中药类除外）的商品饲料，已生产的商品饲料可流通使用至2020年12月31日，对有治疗与预防疾病作用的添加剂不涉及；在2020年7月1日前，结束质量标准和标签说明书修订，"兽药添字"转为"兽药字"批号；原农业部发布的第168号公告、第220号公告废止。

原"兽药添字"指：有预防动物疾病、促进动物生长作用，可在饲料中长时间添加使用的饲料药物添加剂（33种）；生产时必须在产品标签中标明所含兽药成分的名称、含量、适用范围、停药期规定及注意事项。

原"兽药字"指：农业部批准的用于防治动物疾病，并规定疗程，仅是通过混饲给药的饲料药物添加剂（包括预混剂或散剂）。第168号公告附件2中列出的24种药物添加剂可继续使用，如越霉素A预混剂、潮霉素B预混剂、维生素C磷酸酯镁、磷酸泰乐菌素预混剂、环丙氨嗪预混剂等。

自第194号公告颁发后，第168号公告附录1中列出的33种产品，其中有15种系抗生素生长促进剂，该类产品至2020年7月1日已全面禁用；剩下的抗球虫和中药类药物饲料添加剂，管理方式由"兽药添字"改为"兽药字"批文，可在商品饲料和养殖过程中使用。不再核发"兽药添字"。

随后农业农村部又出台了第246号公告，作为指导文件规定：既有促生长又有防治疾病用途的药物饲料添加剂、抗球虫和中药类药物饲料添加剂15种，其中非处方药物饲料添加剂13种，可以在商品饲料中添加（饲料厂可用）；其余2种像前述的第168号公告附件2中列出的24种药物添加剂，须凭处方用药并只能混饲给药（只养殖场可用）。具体15种药物饲料添加剂如下：①金霉素预混剂（处方药）；②吉他霉素预混剂（处方药）；③二硝托胺预混剂；④马度米星铵预混剂；⑤盐酸氯苯胍预混剂；⑥盐酸氨丙啉乙氧酰胺苯甲酯预混剂；⑦盐酸氨丙啉乙氧酰胺苯甲酯磺胺喹噁啉预混剂；⑧海南霉素钠预混剂；⑨氯羟吡啶预混剂；⑩地克珠利预混剂；⑪盐霉素钠预混剂；⑫盐霉素预混剂；⑬莫能菌素预混剂；⑭博落回散；⑮山花黄芩提取物散。

目前，生产上存在“兽药字”类产品违禁使用的情况主要有以下3种：

（1）兽用原料药不得直接加入饲料中使用，必须制成预混剂后方可添加到饲料中，但生产上常有用原料药。

（2）养殖户须凭兽医处方购买、使用，但执行不规范、不彻底，缺少采购、使用台账。

（3）饲料生产企业的“商品饲料”中，不得添加上述24种药物添加剂，仅允许通过“混饲给药”的形式添加，也即是只能在养殖场根据兽医处方采购后按规定疗程使用，实际生产中一些小型饲料加工企业、集团内供饲料生产企业有违规添加现象。

二 饲用抗生素替代产品发展趋势

集约养殖因养殖应激带来的畜禽免疫力下降，致使我国每年使用的抗生素约有一半用于饲养动物。对抗生素规范使用的认识不充分，生产中的管理不到位，导致抗生素滥用乱象。抗生素的环境迁移或对食物链的入侵，对人类的食品安全构成威胁，因此消费者对于养殖中禁用抗生素的呼声日益高涨。以更加安全、对环境友好的绿色饲料添加剂替代有毒副作用、能产生耐药性的饲用抗生素与化学合成药物已成为国内外畜禽养殖生产发展主流。

绿色饲料添加剂主要包括饲用酶制剂（溶菌酶）、益生菌（又叫益生素、直接饲喂微生物）、益生元（大豆寡糖等，又叫预生素）、天然物有效成分提取物（含中草药，精油、酚类）、酸化剂、抗菌肽、短链脂肪酸、卵黄抗体、酵母培养物等。

1.饲用酶制剂

近年来在我国饲料工业上，饲用酶制剂已被广泛应用，未来发展趋势是利用现代生物技术手段，筛选与构建工程菌株或诱变筛选改良菌株，不断提高目标菌株所产酶的酶活，降低生产成本；提高酶产品对极端环境的抗性与酶活的稳定性；重点对非常规饲料如麦类专用酶系、杂粕类专用酶系、秸秆降解酶系，以及环境友好型酶制剂如植酸酶等进行开发、升级。

国内饲用酶制剂以菌代酶较普遍，真正液态发酵的纯酶产品较少；除植酸酶制剂开发比较成功外，其他单一型饲用酶产品的性能与稳定性还有待提高。

这里需要提示注意区分易与普通商用酶制剂相混淆的概念或者具有多重功能的酶产品。

（1）溶菌酶。溶菌酶不是用来改善饲料营养消化，而是直接抑杀菌，系水解黏多糖的碱性酶，如已知最耐热的蛋清溶菌酶。

（2）溶酶体。溶酶体是细胞内的酶仓库消化系统（含对蛋白质、糖类、脂类等物质的水解酶类，约60种）。

（3）β-甘露聚糖酶。β-甘露聚糖酶是益生元的生产者，属于半纤维素水解酶类，以内切方式降解β-1，4糖苷键，作用底物为甘露聚糖、葡甘露聚糖和半乳甘露聚糖等。畜禽和鱼类的消化酶系中不含此酶，在饲料中添加此酶，一是可水解甘露聚糖成甘露寡糖（益生元），使乳酸杆菌和双歧杆菌数量增多，并显著降低大肠杆菌、沙门杆菌、产气芽孢梭菌等致病菌，维持动物肠道微生态平衡；二是可释放出与之结合的养分、微量元素等，促进营养物质的消化和吸收，降低肠道黏度（现实商品饲料卖点），预防动物腹泻，减少养殖污染。

2.微生态制剂

微生态制剂包含益生菌、益生元与合生素。

益生菌能通过胃、肠而定植于结肠或在肠道内繁殖，通过调整肠道菌群（抑制有害菌）而提高机体免疫力。

益生元的核心物质是低聚糖类，双歧因子是最早被发现的益生元之一，还有常见的大豆异黄酮。

合生素兼有益生菌及益生元的共同特点，它既可以发挥益生菌的生理活性，又可以选择性地增加这类菌的数量，使益生作用更显著持久、肠道更健康。

目前，商用预混合饲料添加剂的市场竞争已白热化，其中关键核心技术是构建“酶制剂+益生菌+益生元+酵母培养物（YC）”的特色多元模式。

开发益生菌制剂是研发健康绿色饲料添加剂的重要任务，但在实际生产中必须严格生产工艺的过程管理，不然其潜在危害也会发生，如导致真菌菌血症、细菌菌症、毒素蓄积及产生耐药性等。

3.天然物及其提取物(中草药散剂、制剂)

我国《饲料原料目录》中列出112种其他可饲用天然植物(仅指所称植物或植物的特定部位经干燥或干燥、粉碎获得的产品),由2种或2种以上饲料原料复合而成的复合饲料原料也可以被生产、经营和使用。其主要类别有如下几类:

(1)酚类:如厚朴酚(magnolol),具有抗炎症、抗肿瘤、抗应激与抗腹泻功效,特别在体内、体外试验中发现其具有强抗氧化功效。植物单宁(又称丹宁、鞣酸)是植物体内的复杂酚类次生代谢产物,其化学结构比较复杂。

(2)酚酸:是一类具有羧基与羟基的芳香族化合物,如茶没食子酸等。

(3)多糖类:主要有黄芪多糖、荷叶多糖、玉米须多糖,还有多数益生元产品等。

(4)黄酮、苷类:主要有大豆黄酮、玉米须黄酮、荷叶黄酮等,是理想的免疫增强剂。

(5)挥发油类:植物精油,如牛至油、肉桂油等,是理想的天然抗菌剂。

(6)抗氧化剂类:如白藜芦醇、姜黄素、糖萜素、L-茶氨酸等。

(7)有机硒富集类:如灵芝、菊花、黄芪、决明子等。

(8)生物碱类:如博落回散的血根碱和白屈菜红碱,具有抗菌、消炎、开胃功能。

4.酸化剂

酸化剂是一类含有无机酸、有机酸或者两者按照科学配比组配的复合型化学制剂,主要用来降低所饲动物肠道pH,提高其对饲料的消化率,抵抗肠道菌性腹泻等。有机酸又被称为“肠道酸化剂”,现兴起使用水溶性酸化剂,尤其是在肉鸡生产上。由于胰腺能分泌大量碳酸氢钠对十二指肠酸性环境进行回应,为了改变后端小肠或盲肠的pH,就需要使用“保护”型有机酸。

在没有使用促生长激素的情况下,酸化剂可改善肉鸡生产性能。例如,醋酸盐和丙酸盐能抑制饲料中霉菌等真菌的生长(防霉剂),同时它们还是抗菌剂。

根据用法与主要成分,酸化剂分类如下:

(1)饮水型酸化剂。有报道对1日龄AA肉仔鸡用鸡白痢沙门菌攻毒,结果:较使用20毫克/千克维尼亚霉素组试鸡,酸化剂组试鸡降低了肠道中沙门菌数量,改善肠道形态结构,显著降低攻毒带来的不利影响。

(2)短链脂肪酸型酸化剂。包括甲酸、乙酸、丙酸等,系易挥发脂肪酸(VFA),也称为短链脂肪酸。

(3)中链脂肪酸型酸化剂。指C4~C8/C10的脂肪酸(偶数碳原子),此类酸化剂被家禽营养学家们忽视了很多年,因为它们对能量的产生或肠道微生物的控制没有什么特别的价值。现知道丁酸盐是肠道生长和发育促进因子,系动物肠道中纤维发酵产物。我们知道非淀粉多糖(NSP)的摄入对家禽不利,但适度水平的NSP由于可发酵成为丁酸盐,尤其对雏鸡是有益的。丁酸在鸡的肌胃中很快就消失,可采取将丁酸盐和甘油制成混合物来保护丁酸盐,进入小肠时再将其释放出来。对进行过球虫疫苗免疫的鸡注射球虫卵囊,人们发现了丁酸甘油三酸酯的突出作用。

5.抗菌肽

抗菌肽是一种具有强抗菌作用的多肽类物质,广泛存在于多种生物体内,是生物体对外界病原侵染而产生的一系列免疫反应产物。其分子量小,性能稳定,具有较强的广谱抗菌能力,对于禽的革兰阳性菌及阴性菌均有杀伤作用,对原虫、肿瘤也有作用。

抗菌肽具有传统抗生素无法比拟的优越性,不会诱导抗药菌株的产生;采用基因工程技术生产抗菌的转基因动植物,大量表达抗菌肽,使之成为新一代肽类抗菌药的来源。

6.畜禽商品抗体(应激阶段使用)

(1)卵黄抗体。鸡的卵黄抗体(IgY)在治疗猪腹泻上已发挥显著效果,比哺乳动物抗体(IgG)具有一系列优势,如成本低、使用方便、产量高,口服特别的IgY抗体可有效抵抗能导致动物与人类腹泻的肠道病原体如肠产毒性大肠杆菌、沙门菌、牛与人的轮状病毒、牛的冠状病毒、猪传染性胃肠炎及猪流行性腹泻病毒等。

(2)抗鹅痛风中试抗体。抗导致雏鹅痛风症高发的星状病毒抗体,在鹅生产上近年也常使用。

(3)噬菌体。噬菌体作为寄生物决定了它的专一性,不能自我繁殖,其头部正二十面体里面有大量遗传物质,带爪样的长长的尾部,发挥吸附、喷射功能。

三 以系统工程理念化解无抗养殖技术难题

1.完善养殖技术

(1)优化养殖环境。注意选址,优化环境控制舍内的通风、温控、光照、湿度、密度等;完善消毒与生物安全。

(2)精准免疫。强化畜禽免疫水平(抗体滴度高)。

(3)优化饲喂方式。有专家提出(2016)在猪上使用“3F”技术,即配方(formula)、发酵(fermentation)与流体饲料(fluid feed),可以显著提高饲料消化率,降低腹泻等疾病的发生率。

(4)应用抗病育种技术。进展不大,生物进化遗留下来的地方品种往往是抗病力最强的;种源净化技术如家禽上的“双白净化”(鸡白痢、鸡白血病)具有实践价值。

(5)完善传统用药技术。应用脉冲式给药技术,对“兽药字”26种药品穿梭式使用;注意配伍禁忌。

2.做好消毒与生物安全

(1)车、人员消毒。非瘟期间,穿梭式使用消毒剂,设立车辆缓冲区+人员消毒间。

(2)饲料颗粒化或者膨化。使用高温高压杀菌工艺有利于生物安全。

(3)应用饲料防霉技术。谷物、干燥酿酒渣与可溶物(DDGS)、食品或者中药提取工业下脚料等饲料原料容易霉变,必须充分重视。

(4)优化仓储环境。严格做好防鼠、防鸟、防蝇工作。

(5)控制养殖场周边环境。避免在活禽交易市场、屠宰场、粪污资源化场、高速公路与社区等生物安全敏感地段设立养殖场。

3.应用精准营养供给技术

(1)应用具有生物有效性的营养参数。以理想氨基酸模型,使用代谢能、有效磷等参数配制日粮,可以降低不必要的养分浪费与环境卫生应激。

(2)按需供给饲料。应用最新饲养标准、原料养分含量及其生物效价等数据库,筛选配方。

(3)应用营养改善剂。饲料配方将不再使用纯“玉米-豆粕型”日粮,为降低配方成本，大量使用非常规原料如小麦、菜粕、棕榈粕等已常见，此时使用诸如酶制剂等来提高养分的利用率，减少饲料的变异就显得非常重要。

(4)应用健康改善剂。保持良好的机体和肠道健康是确保动物发挥生产水平的前提，因此诸如活菌制剂及有利于活菌制剂增殖原料(益生元)的使用是可行的。

4.创建低应激的生态养殖模式

利用林地、果园、农田、荒山等资源，适度舍养结合创建“林下养鸡”“稻田养鸭”“种草养鹅”等生态养殖模式，可以缓解一些集约化养殖带来的压力，在满足“高档禽产品”(因采用福利养殖)需求的同时，因降低环境应激使畜禽发病率下降。

生态养殖模式使肉鸡自由觅食昆虫、嫩草、腐殖质等，辅助人工科学补料后营养全面；因采食到天然抗菌物质，适度运动，并降低群体应激，使免疫力再增强；另外，减少了粮食作物的农药、除草剂的施用，增加土壤有机质，改善了土壤生态环境，属环境友好型。

为提升福利放养效率，加快粮改饲步伐有如下好处：

(1)节约耕地，降低养殖密度与应激，少用兽药。

(2)放养鸡抗病力相对强，提高动物性食品安全。

(3)改善禽产品风味，提高消费者满意度。

(4)显著降低谷物秸秆与粪污处理压力。

(5)降低对豆粕的依赖性，有利打赢中美贸易战。

(6)饲草属于“营养体农业”范畴，“营养体农业”较“籽实体农业”风险少，具有田间生长期短(受病虫害、高温、霜冻、台风等影响小)、直接青饲或青贮(贮存霉变、虫害、氧化风险小)、收获期相对安全(阴雨天气，籽实体田间霉变时有发生，而营养体直接青饲或青贮)等特点。

因此，树立大粮食安全观，宜牧则牧，宜粮则粮，是我国农业结构性改革不能忽视的主题。粮改饲后，单位耕地年产可消化生物量将有显著提高，换句话说，在保障口粮与食品工业用粮的前提下，推行粮改饲更加保障了我国粮食安全。

第六节　肉鸡饲料豆粕减量化替代技术

目前,我国每年进口大豆约1亿吨,主要是用来榨油后获得豆粕作为我国饲料工业所必需的蛋白饲料原料。近年来,由于地域政治等因素导致国际贸易壁垒时有发生,进口大豆成本攀高不下,寻找豆粕替代物或者替代技术已显迫切。肉鸡饲粮因要满足其快速增重的需要往往日粮粗蛋白水平在18%以上(特别是引进的国外快大型白羽肉鸡如AA肉鸡、艾维茵肉鸡、罗斯308肉鸡等),就是国产肉杂鸡如"817"、岭南黄鸡、新广黄鸡、皖江黄鸡等,日粮粗蛋白水平往往也在17%以上。由此可知,肉鸡饲粮生产对优质蛋白原料豆粕依赖性强,寻找豆粕替代物或者替代技术更显重要。

当前安徽省畜禽饲料豆粕平均占比在15.5%上下,通过减量化替代力争每年下降1个百分点,这不仅有效提升我国饲料工业国际市场竞争力,同时对降低生产成本、实现饲料工业独立自强与可持续发展意义重大。做好减量化替代,可从如下几点入手。

一　应用理想蛋白模式

畜禽对蛋白质的需要实际上是对氨基酸的需要,特别是其中的必需氨基酸(EAA)。必需氨基酸根据其在常规日粮中的缺乏程度,又分为第一限制氨基酸(FLAA)、第二限制氨基酸(SLAA)等;如果某种日粮氨基酸的供给正好满足某种畜禽的氨基酸需要量,那么这种日粮蛋白则被称为该畜禽的理想蛋白(ideal protein,IP)。要做到配方中豆粕减量化,或者低蛋白日粮,首先就得努力配制IP日粮,研究不同肉鸡品种在不同生长阶段所对应的IP日粮模式;其次,就是使用其他蛋白原料,如干全酒精糟(DDGS)、玉米胚芽粕、谷物(大米、玉米、小麦)蛋白粉、水解羽毛粉、肉渣粉、菜籽饼粕、花生饼粕、芝麻饼粕、棕榈粕、苜蓿草粉等;再次,结合使用合成氨基酸如赖氨酸、蛋氨酸、苏氨酸等,通过电脑配方软件筛选实现同质替代。

二 开展饲料生物效价测定

针对DDGS、水解羽毛粉、肉渣粉、芝麻饼粕、高质量的苜蓿草粉等原料，其中氨基酸含量可以用氨基酸自动分析仪测定或者高效液相色谱仪检测，但是吃进去的氨基酸不一定都可以消化吸收，吸收了也不一定都可以转化成肉鸡体蛋白，部分会水解供能而消耗掉了。如何提高吸收、利用、转化效率，就是减量化替代技术的核心所在。这些技术措施包括使用先进的加工工艺（如粉碎、膨化、制粒）、优化饲料配方、应用酶制剂降低抗营养因子的负面影响等。利用代谢试验等，测定不同原料氨基酸表观利用率（AAAA）、氨基酸真利用率（TAAA）尤其重要，如能建立不同原料氨基酸真利用率营养数据库，将对配方优化、节约蛋白质原料使用量起到显著推动作用。

三 树立精准化制订与应用饲养标准理念

畜禽饲养标准是指导畜禽饲料配制的根本性文件，不同时期都有更新，但是需要耗资太多人力、物力；另外，一些地方畜禽品种由于受到财力、人力与技术力量的限制，多数没有制订出完善的饲养标准供产业参考。因此，实际生产中只能参考相近标准如美国NRC标准、英国ARC标准或者一些知名的国际育种公司提供的参考标准或者饲养手册。

为什么需要不断更新完善饲养标准，因为肉鸡营养需要是动态的，这是由于肉鸡营养需要研究成果在不断丰富更新、肉鸡新品种不断在培育、生产性能在不断提升、消费者对肉质要求也在不断提高；另一方面，提供各种营养素的饲料原料，由于种植环境改变、气候变化、品种改良、加工工艺改变等，导致其中营养素含量也是动态的，这都将决定针对某一肉鸡品种的最佳饲料配方筛选变得十分复杂，需要大量营养参数支撑。因此，建立肉鸡营养标准与常见饲料原料营养成分数据库将十分必要，并适时更新、动态完善，这是企业竞争力的核心所在。

四 几种非常规蛋白饲料原料营养特征概述

1.血浆蛋白粉

血浆蛋白粉是猪血浆经喷雾干燥消灭了病原微生物，保留了血浆中的有效活性成分，富含免疫球蛋白（IgG）（15%~20%），可显著增强小肠绒毛高度，提高小肠消化酶活性，吞噬有害菌，中和毒素。

2.血球蛋白粉

血球蛋白粉是畜禽血细胞经喷雾干燥消灭了病原微生物的有效成分，蛋白质含量虽很高（近90%），但由于其氨基酸平衡性较差，严重缺乏异亮氨酸，从而使异亮氨酸成为SDBC的限制因子之一。

3.酿酒酵母培养物

酿酒酵母培养物主要由酵母内容物、酵母细胞壁、酵母细胞外代谢产物、变异培养基和少量无活性酵母细胞所构成，富含蛋白质、肽类、有机酸、寡糖和多种因子，具有提高动物生长性能、增强免疫能力和促进肠道发育等作用。如利用酿酒酵母+枯草芽孢杆菌+白酒糟生产的YC总能可达4.67兆卡/千克，粗蛋白为31.12%。

4.干全酒精糟

干全酒精糟使用时应注意霉菌毒素，还有由陈化粮生产的干全酒精糟因一些维生素缺乏与不饱和脂肪酸氧化，在幼龄与繁殖畜禽上应慎用；因生产原料不同（稻谷、小麦、玉米），不同种类干全酒精糟的蛋白质含量与氨基酸构成有较大区别。

5.大米浓缩蛋白粉

随着大米深加工生产大米淀粉的规模在不断加大，仅仅安徽省每年由其形成的副产品大米浓缩蛋白粉的产量就有约2万吨。大米浓缩蛋白粉是一类新型植物蛋白源，其适口性好，营养价值全面，是配制高档饲料的优质蛋白原料。

6.赖氨酸渣

赖氨酸渣的主要有效成分为残留的赖氨酸菌丝体，饲用赖氨酸是由一种棒状杆菌生成的，该菌呈短棒状、革兰阳性、好氧，发酵产赖氨酸后的菌丝体富含氨基酸，特别是赖氨酸、蛋氨酸。

7.乙醇梭菌蛋白

乙醇梭菌蛋白属于单细胞蛋白原料类，2021年8月27日北京首朗生物科技有限公司为此获得中国首张饲料原料新产品证书。

CAP是以乙醇梭菌为发酵菌种，以工业尾气中的一氧化碳为主要原料，采用液体发酵，生产乙醇后的剩余物，经分离、喷雾干燥等工艺制得。

每生产9~10吨乙醇会产生1吨CAP，因此原料气中90%的碳转化为乙醇，10%左右的碳转化为蛋白。综合计算，50万吨CAP(联产500万吨乙醇)产量相当于138万吨大豆、1 500万吨玉米、减排1 250万吨二氧化碳。

据中国农科院饲料所研究团队研究结果，CAP粗蛋白质含量高达80%及以上，18种氨基酸占蛋白质比例达94%，为纯蛋白质类型；10种必需氨基酸含量及其结构比例接近鱼粉、远优于豆粕。以多种养殖鱼类做实验，发现该产品非常适合用作鱼类饲料，如何在肉鸡上合理应用，我们期待规范的饲养试验报告供参考。

有专家预测，中国每年至少可产生约1.2万亿立方米富含一氧化碳的工业尾气，如将这些工业尾气采用生物发酵技术进行高效清洁利用，可年产CAP 1 000万吨，替代鱼粉和大豆蛋白后相当于2 800万吨进口大豆当量，即我国大豆年进口量的1/3。

第四章 肉鸡饲养方式

目前,我国肉鸡饲养有国外引进品种、国内肉杂鸡和地方特色品种。不同来源品种的饲养方式有所区别。国外引进品种饲养方式主要有垫料平养、网上平养、笼养等;国内肉杂鸡饲养方式主要有垫料平养、网上平养、笼养、放养等;我国地方特色鸡品种饲养方式主要以放养模式为主。具体饲养方式选择主要根据不同肉鸡品种生长特性、饲养管理要求和市场对肉鸡产品的需求来决定的。

第一节 国外引进品种饲养方式

目前,国外引进品种饲养方式主要有垫料平养、网上平养、笼养等。

一 垫料平养

垫料平养就是在鸡舍地面上铺10~15厘米厚的垫料(如麦秸、稻草、稻壳、玉米秸、刨花、锯末),定期更换或中间不更换,待一批鸡饲养结束后一起清除粪便和垫料的饲养肉鸡方式(图4–1、图4–2)。

进雏前一次垫足10~15厘米的垫料后,不清除粪便,脏了再垫,直至出栏;“垫料管理的好坏是平面散养肉鸡成败的关键”。

目前,自国外引进的AA鸡等引进品种肉鸡在我国部分采用地面平养的方式喂养。

肉鸡生产采用“全进全出”制,全部仔鸡在同一时间内入场入舍,肉鸡同一时间内出舍出场。鸡只养于舍内,在鸡舍的地面上铺设一层5~15厘米厚的垫料。若垫料太薄、垫料少而粪便多,则鸡舍易潮湿,氨气浓度会超标,易暴发疾病。要及时用耙子将垫料翻松,使鸡粪落在下面,保持垫

图4–1　垫料平养(1)

图4–2　垫料平养(2)

料松软干燥。要注意及时补充新垫料，投放药物和消毒。一批鸡出栏后，彻底清除所有粪便和垫料，留一定空闲和休整时间，经充分清扫冲洗消毒，然后再进第二批鸡。饲养肉鸡的品种和季节不同，饲养周期和饲养密度会有所差别。饲养周期和饲养密度及饲养环境要求如下：

（1）饲养速生型肉鸡：7~9周龄，10~15只/米^2。

（2）肉鸡适宜的生活温度为15~30℃，相对湿度为50%~75%，气流速度为1.0~1.5米/秒。

二 网上平养

网上平养就是在离地面一定高度搭设支架，在支架上放上木条网垫、竹片网垫、金属网垫或塑料网垫而饲养肉鸡的饲养方式。

肉鸡饲养常用的饲养方式主要有3种：地面平养、网上平养和笼养。其中，网上平养肉鸡是最佳的选择。

所谓网上平养，即在离地面约60厘米高处搭设网架（可用金属、竹木等材料搭架），架上再铺设金属、塑料或竹木制成的网、栅片。鸡群在网、栅片上生活，鸡粪通过网眼或栅条间隙落到地面，堆积一个饲养期，在鸡群出栏后一次性清除。网眼或栅缝的大小以鸡爪不能进入而鸡粪能落下为宜。采用金属或塑料网的网眼形状有圆形、三角形、六角形、菱形等，常用的规格一般为1.25厘米×1.25厘米。网床大小可根据鸡舍面积灵活掌握，但应留足够的过道，以便操作。网上平养一般都用手工操作，有条件的可配备自动供水、给料、清粪等机械设备（图4–3、图4–4）。

图4–3　网上平养（1）

图4–4　网上平养(2)

1.网上平养的特点

网上平养肉鸡虽然腿疾和胸部囊肿病的发生率比地面平养要高,但综合起来,网上饲养肉鸡较地面平养和笼养还是利多弊少,所以说网上饲养肉鸡是最佳的选择。

(1)网上平养使鸡避免与地面排泄物接触,降低了大肠杆菌病、球虫病等的发生率。

(2)方便清理鸡舍粪便,能有效地降低劳动强度。

(3)网上平养设备简单,配合大棚养殖,可根据各地的实际情况就地取材,造价很低。

2.网上平养技术要点

(1)鸡舍的搭建。鸡舍最好选在远离村庄、地势略高、通风条件好的地方,无论是建石棉瓦房还是平房,房屋都不能太低,太低的房屋冬天保温差、夏天隔热差。房顶设天窗,墙根留通风口,门窗不能太小,房舍的跨度最好在5米以上。

(2)网架的搭建。鸡网一般搭建距地面1~1.2米,靠房屋两边,在取暖设施的正上方,中间留0.5~0.75米的走廊,以便于清粪、添食加水等工作。架子用直径为2~2.5厘米的竹竿或木棍搭建,以能承受成鸡的体重为宜。

(3)进雏前的准备。新建鸡舍,用消毒药喷洒消毒,如用百毒杀、消毒王等喷雾。若是老鸡舍,先把鸡舍设备仔细刷洗干净,用2%氢氧化钠溶液喷洒,然后用高锰酸钾、甲醛熏蒸,最后再用百毒杀喷雾。全部消毒完毕,开始点火预温,使育雏范围的温度在32~35 ℃。预热时间要视季节和外界气温而定。一般冬季预热2~3天,春、秋2天,夏季1天即可。要随时检查温度计,观察温度是否合乎要求。火炉预温要防止煤气中毒。

(4)温、湿度控制。进雏后,要先给小鸡饮水,在饮水中加入电解多维、葡萄糖以减少运输途中的应激。进雏后的温度以鸡群感到舒适为最佳标准。若鸡群远离热源,有张嘴呼吸现象,则表明温度偏高;若鸡群靠近热源,并往一块拥挤,则表明温度偏低;若鸡群均匀地散卧在热源边沿,则表明温度适中。一般前一周温度在32~35℃,以后每周下降3℃左右,最终到21℃较为适宜。肉鸡在适宜温度范围,理想湿度在40%~72%。湿度过大,会诱发多种疾病如球虫病的发生;湿度过低,空气中的尘埃增加,容易产生呼吸道疾病。

(5)光照控制。肉鸡需要光照主要为了延长采食时间,促进生长。肉鸡一般采用24小时光照,如果每天给予1小时的黑暗时间,能够使鸡只适应黑暗环境,一旦停电,不会因此拥挤窒息。肉鸡的光照强度原则是从强到弱,第1~2周时,每平方米应有2.7瓦,这样可以帮助小鸡熟悉环境,充分采食饮水。第3周开始改为每平方米0.7~1.3瓦。强光对鸡群有害,阻碍其生长,弱光可使鸡群安静,有利于生长育肥。

(6)通风换气的控制。保持鸡舍内空气新鲜和适当流通是饲养肉鸡的重要条件。足够的氧气能使鸡只保持良好的健康状态。一般鸡舍的含氧量应保持在18%以上,舍内避免氨气过重,吸入过多氨气会刺激气管,引起气管炎、结膜炎腹水症等,也增加球虫病的感染机会,从而降低饲料的转化率,造成生长缓慢。

(7)疫苗免疫。定期防疫能有效地防止传染病的发生。

(8)观察鸡群。观察鸡群可以随时了解鸡群的健康状况。健康的鸡精神好,反应灵敏,食欲旺盛;不健康的鸡精神萎靡,行动迟缓,缩颈闭眼,反应迟钝,离群呆立,翅膀下垂,精神差。正常情况下,粪便有一定的形状,呈灰褐色,表面附有一定量的白色物质。若粪便异常,说明已感染了疾病,要及时诊治,以免造成经济损失。

(9)适时出栏。要结合市场价格,在正常出栏时间前后择机及时出栏,争取卖个好价位,以获得最大的经济效益,达到增收的目的。

三 笼养

笼养就是把肉鸡饲养在笼内。笼具结构分为阶梯式和层叠式的。现在高密度养殖大多选择层叠式的结构。

1.白羽肉鸡笼养类型

白羽肉鸡笼养与蛋鸡笼养较为相似,鸡笼种类较多,不同类型的鸡笼存在着较大差异,鸡笼挑选过程中,应充分考虑养殖场的养殖规模及养殖方式。根据鸡笼排列形式的不同,白羽肉鸡笼养方式可分为阶梯式笼养和层叠式笼养两种。

阶梯式笼养多数为3层,有些养殖场为4层。在养殖初期,通常采取阶梯式笼养。

层叠式笼养是对阶梯式笼养的一个改进,主要以层状方式对鸡笼进行水平排列。层叠式笼养具备更高的单位面积饲养量,同时可有效提升土地利用效率,提高养殖场劳动生产效率(图4–5、图4–6)。

层叠式笼养设备一般包括3层或4层,在履带作用下对每一层清粪,由专门的传送带完成肉鸡出栏。

图4–5 层叠式笼养(1)

图4–6　层叠式笼养(2)

2.设备及工艺

(1)笼具主体。笼架采用275克热镀锌板压制成形,坚固耐用,防腐性强。笼具采用Q235高强冷拔丝热浸锌防腐处理,整体结构科学设计,活动空间既能满足鸡只需要,又能尽量减少其活动范围,从而提高饲料利用率。

(2)饮水系统。采用反冲式调压器供水,供水乳头360°全方位出水,乳头内球阀选用304不锈钢材质,加工精度高、不漏水。调整合理的水线高度,保证肉鸡充足的饮水。

(3)喂料系统。采用跨斗式喂料机或行车式喂料机,自动上料,自动喂料,饲料均匀,鸡只采食均匀,降低劳动强度,提高饲料转化率,从而降低料肉比。选用料塔贮存饲料,不但能够避免因地面堆放不当引发饲料发霉变质现象的发生,而且饲料还无须包装,从而降低饲料采购成本。

(4)清粪系统。清粪系统由纵向输粪机和尾端横向输粪机组成。输粪带选用优质PP材料制作,性能稳定、耐用。粪便干燥,便于清理和运输。清粪方便,可降低舍内氨气,改善舍内环境。

(5)通风降温系统。选用纵向轴流风机进行通风,风机扇叶为不锈钢材质,经久耐用。百叶自动开启,具有转速低、风量大、通风换气效果显著等优点。降温水帘选用优质木浆纸制作的配备水循环系统,在负压风机的作用下降温效果明显。通风小窗选用优质PVC材料，安装于鸡舍两侧墙上，可手动或自动控制开启角度，操作方便灵活。

(6)自动控制系统。自动控制系统由温度控制仪和主副控制柜组成。可依据肉鸡饲养日龄设定舍内温度，控制最小通风量，实现自动控制风机、通风小窗、水帘、灯光照明。同时配有断电报警、高低温报警等装置解决了养殖户的后顾之忧。

(7)供暖系统。地暖、散热器式供暖、暖风袋式供暖。其中地暖，舍内上下、前后温差均恒定，最为理想。但无论是哪种方式，采用笼养设备饲养较平养或网上饲养均省煤电、省人工且环保。

3.肉鸡笼养的优点

(1)节约用地。随着社会进步，土地资源越来越紧张，畜禽养殖用地越来越难求，肉鸡笼养可提高饲养密度，提高土地利用率。同样面积鸡舍地面平养和网养肉鸡存栏1万只，而笼养可达1.5万只。

(2)降低饲料成本。肉鸡笼养个头整齐，生长速度快、周期短，饲料利用率高，降低了饲料成本。肉鸡地面平养料肉比平均为1.7:1，网养料肉比平均为1.6:1，而笼养料肉比平均为1.5:1，而且肉鸡笼养较平养、网养提前2天出栏，40日龄出栏时平均体重在2.8千克以上。其原因是笼养使肉鸡活动受到限制，减少了运动消耗，提高了料肉比和生长速度。

(3)降低药物费用。肉鸡地面平养药物费用为1.2~1.3元/只，网养药物费用为1.0~1.1元/只，而笼养药物费为0.7~0.8元/只，肉鸡笼养较地面平养、网养平均降低药物成本0.5元/只和0.3元/只。其原因是肉鸡笼养与地面、粪便隔离，可有效控制球虫等肠道疾病的发生；不用垫料，消除了细菌、微生物的滋生环境，降低了多种疾病发病的可能性；粪便日积日清，降低了鸡舍中的氨气、硫化氢等有害气体的含量，改善了鸡舍环境，减轻了有害气体对呼吸道黏膜的不良刺激。

(4)提高肉鸡的成活率。肉鸡笼养出栏成活率较地面平养和网养分别提高了4.3和2.8个百分点。其原因是肉鸡笼养活动范围在单个独立的笼子中，减少了因采食、饮水等活动出现挤压而造成的死亡，而且肉鸡笼养发病率低，饲养周期缩短了2天。

(5)减少人工成本。由于肉鸡笼养自动化程度较高，大大提高了饲养人员的生产效率，减少了饲养人员的数量。

4.肉鸡笼养的缺点

肉鸡笼养也存在一些缺点，如鸡笼设备一次性投入较大；鸡笼底面较硬，胸囊肿、腿病时有发生等。但也可以通过一些措施来解决，如采取"公司+农户"的模式来解决一次性投入大的问题，即农户搞基础建设，公司提供设备，与农户签订合同，卖鸡后公司按合同规定回收投资成本。可在笼底面垫一层软塑料网来降低鸡胸囊肿、腿病的发病率。

第二节　国内肉杂鸡饲养方式

目前，国内肉杂鸡饲养方式主要有垫料平养、网上平养、笼养、放养等。垫料平养、网上平养、笼养在前一节已经进行了阐述，两者基本一致，主要在饲养密度方面进行一些相应调整就可以了，下面补充介绍一下国内肉杂鸡放养饲养方式。

一　放养肉鸡前的准备

1.鸡舍选址

放养鸡场的鸡舍应选择远离村寨和主干道路，环境僻静安宁，空气洁净，地势较高、干燥，水、电、路通畅，有足够的场地及林荫，没有发生过重大动物疫病（如高致病性禽流感、鸡新城疫、禽霍乱等）的地方。

2.鸡场布置

鸡场四周用高2~2.5米的尼龙网（或竹栏、铁丝网、围墙）做防护栏，场内种植各种果树林、草地、中草药、蔬菜等作物，规划布局要有利于防疫、排污和日常生活为原则。

生活区和生产区应严格分开，并相隔一定距离，生活区应置于鸡场之外。鸡场生产区内应按规模大小、饲养鸡批次分成多个饲养小区，相互之间应有一定的隔离距离。

3.鸡棚（舍）修建

鸡棚（舍）要背风向阳、坐北朝南，用竹子（或钢架）搭建简易的大棚，能遮雨、挡风、保温、不积水即可，棚宽5~6米，中间高2.5~3米，两侧檐高

1.5~1.8米，长度可以根据地形而定，覆盖的材料可用塑料薄膜、稻草、隔热层薄板等。棚的地基高出棚外30厘米以上，棚内地面要求为水泥地面，易于消毒；每隔3米有1个地脚窗，两侧对称。

鸡舍四周有通畅的排水沟，鸡舍间的距离在150米以上，配备有充足的饮水器具、饲料盆（桶）等工具。

4.育雏舍建设

以建立一体式网上温室较好，能提高雏鸡的成活率。育雏室必须具备良好的保温、排湿、通风换气等功能。

二 放养肉鸡前的育雏技术

1.进雏前的准备

（1）雏舍消毒。进雏前1周必须把育雏室打扫清洁干净，干燥后用强力消毒药（或2%烧碱）喷雾地面、围墙，隔天用生石灰散在地面，用石灰乳刷墙壁进行消毒。进苗前3~4天用甲醛溶液与高锰酸钾以2:1的比例密封熏蒸24小时，2~3天后开窗使气味消散。

（2）垫料。网上育雏最好，在育雏室内距离地面60厘米左右的高度用塑料网饲养。如用地面育雏，准备锯木屑或长度3~5厘米的干草等垫料，垫料要干燥不能有霉毒气味，垫料的厚度以雏鸡不能直接接触地面为宜。

（3）器具准备。准备好料盆、料桶、饮水器、温湿度计、备用发电机、照明灯和室内专用鞋等。

（4）预热。进苗前12~24小时把育雏室预热，保证温度在33~35℃。

（5）雏鸡的挑选。一般选择体格结实的健康雏鸡，手握感觉结实有弹性，蛋黄吸收良好，脐带口闭锁平整，泄殖腔口附近羽毛干净，绒毛丰满整洁，色泽鲜艳且长短适中，叫声清脆，眼睛明亮有神。

2.育雏条件

（1）鸡的开水和开食。要采取先开水、后开食的原则。雏鸡出壳后还有一部分卵黄尚未吸收完，通过饮水能加速这种营养物质的代谢过程。第一次给雏鸡饮水必须是清洁卫生的温开水，先用0.05%高锰酸钾溶液，后用1%葡萄糖溶液或温开水加适量的食盐或氨苄西林、益生素。

开食饲料以营养丰富、易消化、适口性强的全价配合饲料拌湿，以手攥成团、松开能散为宜，自由采食，饲喂次数根据日龄增加逐渐减少。雏鸡消化功能差，不能过度喂食，喂八成饱即可，否则会引起消化不良，导致消化道疾病。

（2）适宜的温度。一般雏鸡对温度的要求是：1~3日龄为34~35 ℃，4~7日龄为32~33 ℃，7日龄后每周降2~3 ℃，直到20 ℃为止，经过6周时间，雏鸡就可以适应自然环境了。

（3）适宜的湿度。育雏舍内湿度过高或过低均不适宜雏鸡的生长发育。理想的湿度为：第1周龄相对湿度为70%~75%，第2周龄下降到65%，从第3周龄开始保持在55%~60%。

（4）雏鸡群的密度。合理的饲养密度是保证鸡群健康、生长发育良好的重要条件，因为密度与育雏舍内的空气、湿度、卫生及恶癖的发生都有着直接关系。一般情况下第一周为30只/米^2，第二周为25只/米^2，第三周为20只/米^2，第四周为15只/米^2，第五周为10只/米^{2}左右。另外，雏鸡的饲养密度还必须根据品种、季节、性别、鸡舍结构、通风条件和饲养方式等灵活掌握。

（5）控制通风。在高湿、高密度饲养的条件下，育雏舍内由于呼吸、粪便及潮湿垫料散发出大量氨气和二氧化碳等有害气体，易使空气受到污染。鸡舍通风的目的在于排除鸡舍内的有害气体和更换新鲜的空气，并使舍内相对湿度不致逐渐增高。正确的做法：育雏期每天中午12:00左右，将向阳面的窗户适当打开，让空气对流，窗叶呈半开状态，防止冷风直吹雏鸡，开窗时间一般为0.5~1小时。为防止舍温降低，通风前可先提高舍温1~2℃，通风完毕降到原来的舍温。

（6）控制光照。光照可促进雏鸡采食饮水，增加运动，促进肌肉、骨骼的发育，预防疾病，提高生产性能。但强光会刺激鸡的兴奋性，影响鸡群的休息和睡眠，引起鸡相互啄羽、啄肛等恶癖；弱光照可降低鸡的兴奋性，使鸡保持安静状态，这对鸡的增重有益。育雏前2天要连续进行48小时光照，以后每天光照23小时，关灯1小时保持黑暗，以使一旦发生停电时鸡不易产生适应证。雏鸡3周龄时，在晴天（气候比较暖和）的中午可把雏鸡放到舍外晒太阳、运动1~2小时，这样既可促进雏鸡生长发育，又可促使雏鸡逐步适应自然环境。

三 放养肉鸡的饲养管理技术

1.放牧时间

一般雏鸡25日龄后方可放牧，这是保证成活率的重要因素之一。

2.放养的密度要适宜

体重在达到1.5千克前，根据舍内面积按25~30羽/米^{2}的密度放养；体重在1.5千克以上至出栏，放养密度减小10~15羽/米^2。鸡舍内设不同高度的木竹架让鸡栖息。每亩（1亩约合667平方米）牧地放养密度以20~30羽生态效益最好，100~200羽经济效益最好；组群以2 000~3 000羽最为适宜。鸡群数量过大易导致生长不整齐。

3.引导觅食

放养时，可将饲料撒在从鸡舍通往牧地的整条路上，经过3~5天的诱饲后，鸡群就会自动到牧地觅食。

4.定时补料

放养活动范围扩大，能补充到一些矿物质、微量元素、维生素等，但仍然不能满足鸡的生长需要，要定时添喂能量、蛋白质饲料，把饲料放在料槽或直接撒在地上，早、晚各1次。用吹哨子或其他响声（最好固定一种声音训练）给予饲料让鸡采食，经过一段时间的训练后鸡便形成条件反射，以保证鸡群迅速收拢。在补饲的同时注意观察鸡的采食情况，发现问题及时处理。补饲料时不要喂得过饱，放养时鸡可通过觅食各种昆虫作为补充。

每天保证充足饮水，饲料中严禁添加各种违禁药品，以保证鸡肉的品质。

5.加强鸡群管理

尽量减少干扰鸡群，保持环境安静，放养场地不允许外界的人员进入鸡场，以防带入传染病。对弱、残、病鸡要隔离饲养及治疗，并严格消毒，以免交叉感染。

6.驱虫

放养25~30天后驱虫，相隔25~30天再驱虫1次，可用左旋咪唑、阿苯达唑等药物。

7.育肥

在10周龄至出栏上市时期,减少鸡的活动范围和运动,以利于育肥,饲养结束应全部出售,以利于管理、清理消毒场地等。

8.合理利用牧地

长期在一块地上放牧,会因过度放牧而造成草丛破坏、尘土飞扬,鸡无食可吃,达不到生态养殖的目的。因此,要根据植被的消耗程度及时转移放牧地进行轮牧,让已经放养过的牧地休养生息,恢复生态环境。只有在植被丰富的放养地上,才能明显降低饲料的支出。

放养期120天,体重达2千克即可出栏。

第三节　地方特色鸡品种养殖模式

我国地方特色鸡品种有很多,被列入国家级重点保护品种名录的有北京油鸡、九斤黄鸡、大骨鸡、白耳黄鸡、仙居鸡、丝羽乌骨鸡、茶花鸡、狼山鸡、清远麻鸡、浦东鸡、溧阳鸡、惠阳胡须鸡、河田鸡、边鸡、静原鸡、文昌鸡、藏鸡、矮脚鸡、金阳丝毛鸡、鲁西斗鸡、吐鲁番斗鸡、西双版纳斗鸡、漳州斗鸡。

地方鸡种,从生长速度上,可分为快大型、中速型、优质型;从羽色上,可分为麻羽、麻黄羽、黄羽,还有黑羽、花羽等;从皮肤和胫色上,又分为黄、青、乌等品种。此外,还有白羽乌骨鸡等。

由于各地品种资源不同,再加上饮食习惯和消费方式的差别,为了适应市场的不同需求,育种公司开发出了各具特色的配套品种,如广东地区的主导品种是优质土鸡和快大型鸡,海南是文昌鸡和快大型鸡,重庆、四川是中速型青脚麻鸡和乌皮麻鸡,福建、江苏、浙江、安徽的主导品种是快大型青脚麻鸡。

以我国地方特色鸡品种为基础,主要以放养模式生产的鸡,被称为土鸡。相对于快大型白羽肉鸡,土鸡一向深受我国市场欢迎。我国及港澳地区有消费活鸡的传统习惯,土鸡肉质好、味道鲜美,符合消费者的需求,是我国各族人民过年过节用以改善生活和招待客人的首选佳品,优质土鸡市场前景广阔。在优质土鸡的养殖中,具体饲养品种应结合实际饲养

地域进行选择，大部分地区的本地鸡品种就相对符合饲养条件，其饲养模式通常有别于集约化笼养方式，现就常见的优质土鸡养殖模式归纳如下：

一 山地生态养鸡

山地生态养鸡是集传统养殖方法和现代养殖技术于一体，充分利用荒山、野坡等资源，以自由采食野生天然饲料为主、人工科学补料为辅的一种舍饲和放养相结合的养鸡模式。该模式充分利用山地自然资源，以牧草养鸡，鸡粪肥草，做到种植业和养殖业的有机结合，形成了良性循环的农业生态系统。

1.场址选择

尽量选择饲草丰富的山地、野坡、草原等，坡度不宜过大，以不超过25°为宜，背风向阳，排水良好，水、电、路三通。选择生态环境优越的天然草原、天然山地、果园田野且有小溪、山泉水最佳，其山绿树成荫、水源充裕、取水方便。规模养殖还要求道路交通和电源有保障，便于饲料和产品运输和加工。环境安静清洁，远离居民区和工业区及畜禽交易场所、屠宰场。

2.鸡舍建设

鸡舍应建在地势较高、背风向阳、比较平坦的山地上，山地养鸡一般数量较多，建好育雏房必不可少。育雏房的面积根据饲养量来确定，一般按30只/米^{2}雏鸡计算。育雏房的消毒、温度、湿度的控制与正常养鸡的方法相同。棚舍根据鸡的数量、山地地形和面积可选择简易棚舍（如塑料大棚）为鸡舍，鸡舍檐高1.5米，棚舍宽7~8米，长20~30米（长度也可视地形及饲养规模而定，面积一般按8~10只/米^{2}计算），墙体每隔3米放一个砖垛，四周用油布或厚薄膜围砌，棚顶用石棉瓦覆盖。鸡舍应密闭，有一定的保温、隔热功能，要有较好的采光、通风条件。舍内地面应高于舍外10~20厘米，四周应有排水浅沟。在崖壁上距沟底0.5~1.7米的地方挖一些深约50厘米、宽30厘米、高40厘米的窝，窝内铺干燥的草、刨花、树叶等，让鸡在这些窝内产蛋。

3.饲养要点

采取小群体、大规模的方式，每隔20亩面积建造一个放养棚，每棚容纳成年鸡1 500只。放养密度应按宜稀不宜密的原则，密度过大，草、虫等饵料不足，增加精料饲喂量，影响鸡肉、蛋的口味。密度过小，浪费资源，生态效益低。放养最初1周应在饲料或饮水中添加电解多维，减少放牧带来的应激；放牧场地内无清洁水源时应每隔一定距离放置足够的饮水器，避免鸡群缺水。放养规模一般以每群1 000~1 500只为宜，采用全进全出制。室内地面用素土夯实，再铺上厚度适宜的稻壳、锯末、秸秆等，垫料要保持干燥卫生。在散养舍内铺设一定面积的网床，以利于鸡只晚上回来栖息。在散养鸡舍内和鸡舍外墙边防雨的地方及散养区域内设置补料的塑料食槽和补水槽，并保持适当高度，便于给鸡补料、补水。

4.放牧时间

雏鸡4~6周龄脱温后即可转移到山上放养，放养初期一般每天3~4小时，以后渐增。放养的最佳季节为4—10月份，此时气温适中，昼夜温差小，利于鸡只对外界环境变化的适应，同时该季节山地饲草丰富、昆虫繁盛、自然光照充裕，便于鸡只采食，促进其快速生长，通常饲养100~120天均重在1.5~1.8千克。

5.注意事项

密切注意天气变化，遇到天气突变，如下雨、下雪或起大风前应及时将鸡群赶回鸡舍，避免鸡只受寒发病。棚舍内必须设有料槽、饮水设备，以便在大风、雨雪等恶劣天气时饲喂。做好鼠害、黄鼠狼及野兽防范工作，尽量避免鸡群的天敌进入场地，引起鸡群的应激反应，导致鸡群停止发育，甚至死亡。

二 林下养殖模式

林下养殖是近年来生态鸡养殖的主要模式，主要在生态林建设的基础上，充分利用防风林带的虫草资源、光热资源和充足的场地资源，在固定的范围对鸡进行放养，该养殖模式具有周期长、管理松散等不足，但能够生产出质量较好的鸡肉和鸡蛋产品。

1.场址选择

林下养鸡的基本准则是在不影响林地植物正常生长的情况下进行鸡只饲养，既可以促进鸡只的品质与产量，也不会给林地带来负面影响。因此，在林下养殖前需对林地进行选择，若林地选择不当，不仅会影响鸡只的品质与产量，还会对林地植物的生长发育造成影响。

林地内的树木要保证树冠高、树叶稀疏等特点，控制遮光度在65%左右，避免因遮光度过高造成鸡群没有得到充足光照，影响鸡只健康，导致抵抗力下降、患病率增高等问题。对符合上述条件的林地进行实地考察，为方便鸡只跑动，需保证林地地势相对平坦、开阔，避免出现陡峭的地势。若条件允许，可以进一步选择昆虫种类与数量相对较多的林地，为鸡群提供充足的营养。中成林与3~5年树龄的林地最为适宜进行林下养殖。

2.鸡舍建设

林地由于采光度相对较低，雨季湿度相对较大，为避免鸡只饲养过程中湿度较大影响鸡只健康，鸡舍最好建设在半山腰的南侧，背风向阳、光照更充足、环境相对干燥。为避免蛇、老鼠等动物进入鸡舍，应使用篱笆栅栏或尼龙网等物品设置隔离防护网。舍内容纳量应该按照每只鸡1.2~1.4米^{2}进行建造，同时在鸡舍附近设置排水沟，避免鸡舍附近的雨水积存，增加鸡舍湿度。

3.饲养要点

在林地养鸡过程中应充分利用林地草料、树叶及昆虫等资源，可以为鸡只生长发育提供充足的维生素、蛋白质及微量元素等，不仅降低了鸡只的饲养成本，也提高了鸡只的基础免疫。在林下养鸡过程中，虽然鸡只可以从林地中自由采食，但林地中可食用的昆虫数量有限，无法满足鸡只营养需求，应通过补饲供给的方式满足鸡只生长过程中所需的营养物质。根据鸡只生长中所需的营养供给，放养阶段可以为鸡只多补充植物性蛋白质，如新鲜的牧草、豆类等，育肥阶段应减少补料中的动物性饲料。

4.放牧时间

各种林地，不管是天然的还是人工的，只要方便管理，很多都适合用来养鸡。林地放养鸡，主要的注意事项是密度、补饲和放养时间。密度一般每亩地不超过50只，不然植被可能承受不了；补饲是必需的，补饲量可根据林下饲料资源及鸡的品种确定；放牧时间则根据气温和鸡的日龄确定，夏季早放，冬季晚放，小鸡晚放早收，大鸡则早放晚收。

5.注意事项

在进行林下养殖前需对整个林地进行规划、整备，要对整个林地进行全范围的消毒，有效杀灭林地内的病原体，清理林地内的杂草与灌木丛，同时要对林地进行区域划分，实现轮换制放牧，方便林地内的植被恢复，避免过度放牧影响生态环境。

三 果园生态养鸡

果园生态养鸡模式是指利用果园物质循环系统，实现鸡与果园共生互补原理，保持果园生态平衡的一种生态养殖模式。近年来，随着人们生活水平的不断提高，对高品质农产品的需求日益增多。该模式下鸡啄食果园中的虫草与落果，养殖废弃物、鸡粪还园，可增加土壤肥力，最终生产出优质鸡、水果等农产品，实现环境承载力基础上的种养业循环协调发展。

1.场址选择

尽可能地选择地势相对较高、背风朝阳、水源相对充足、环境较为安静、距离主干道和居民区至少1 000米的位置作为果园林地。果园中种植的品种主要是干果或者是主干相对较高的果树。

2.鸡舍建设

果园林地的放养区域地势较为平坦，选择茅草和尼龙布等原材料建造朝南的简易鸡舍。在条件允许的情况下，可以搭建砖木结构的鸡舍，鸡舍的大小根据饲养量确定，通常情况下是20~25只/米^2。

3.饲养要点

果园放养密度为40~60只/亩，每群规模以500只为宜。果园内限定鸡群活动范围，可用丝网等围栏分区进行轮牧，每放牧一周换一块果园。果园放养周期一般为1个月左右，这样鸡粪喂养果园小草、蚯蚓、昆虫等，给它们一个生息期，等下批仔鸡到来时又有较多的小草、蚯蚓等供鸡采食，如此往复形成生态食物链，达到鸡、果双丰收。鸡群可在每天早晨放牧前先饲喂适量配合饲料或者自配精料，傍晚将鸡群召回后再补饲1次。补饲的量应依季节而异，如秋冬季节果园杂草和昆虫少，可适当增加补饲量，春夏季节则可适当减少补饲量。

4.放牧时间

主要选择在夏季和秋季，温度比较合适，而且牧草、昆虫等比较多，鸡群可以自由活动觅食，最终鸡的品质也得到了保证。雏鸡自身的抵抗力非常弱，不适合放进果园林地饲养，需要保温饲养。一般来说，雏鸡在夏季需要保温饲养15~20天，秋季需要保温饲养30天左右。当满足了保温饲养时间之后，可以选择天气晴朗的时候进行放养。

5.注意事项

很多果树种植园都是天然的优良养鸡场所，因为果园里有杂草和虫子，是鸡的天然食物。在不同的果树种植园养鸡有不同的注意事项，比如桃树、苹果树等比较低矮，需要注意防范鸡损害果实；而枣树、核桃树等比较高大，则没有这方面的忧虑。当然要紧的是注意鸡群的安全，尤其是在喷洒农药期间，一般喷后7天内要禁止鸡群在果园里活动。

四 大田生态养鸡

大田生态养鸡是指利用玉米地、棉田、花生地等自然生态资源，用围网的形式放养土鸡。在每个田块下水侧开挖积水沟渠，渠中栽植水芹菜等喜潮湿性、耐干旱水生植物，用于接纳、净化养殖田块中过多的污水，净化后的水再灌溉自种牧草地或农田。这种生态型、家庭型集约化养殖模式，投资少、风险可控，既为鸡群提供丰富的青绿饲料，节省养鸡饲料成本，又为农田除害去杂，粪便就地肥田，可实现绿色生态循环养殖，促进农业可持续发展。

1.场址选择

养殖场区应选择在地势高燥、背风向阳、环境安静、水源充足卫生、排水和供电方便的地方，且有适宜放养的玉米地、棉田、花生地等自然生态资源，满足卫生防疫要求。场区距离干线公路、村镇居民集中居住点、生活饮用水源地500米以上，与其他畜禽养殖场及屠宰场距离1千米以上，周围3千米内无污染源。

2.鸡舍建设

每组鸡舍场地面积2 000平方米，中间可套种玉米、黑麦草、棉花等植物或植被。育雏舍25平方米，为塑料大棚或活动板房，采用网上立体育雏或平面育雏。舍内使用料槽和水槽时，每只鸡的料位为3厘米，水位为2厘米；或按照每60只雏鸡配置1个直径30厘米的料桶，每150只雏鸡配置1个直径20厘米的饮水器，并配备取暖、通风、光照及防鼠等设施。

育成舍建筑面积约200平方米（按10~15只/米^2），育成舍为钢构大棚（弧形大棚），大棚长25~30米、宽7.5米、高2.5米。棚顶由内到外共覆盖4层，分别为芦席、草帘或保温棉、花雨布、蓝胶布；大棚两边下面0.7米为通风区，需加1层细网眼的塑料网；棚内有0.5~0.7米高的栖息架和产蛋筐。舍内及周围放置足够的喂料和饮水设备，使用料槽和水槽时，每只鸡的料位为10厘米，水位为5厘米；也可按照每30只鸡配置1个直径为30厘米的料桶，每50只鸡配置1个直径为20厘米的饮水器或用普拉松自动供水器，水塔高2.5米，外用保温材料，防寒防冻、防太阳直射。

3.饲养要点

养殖户选购正规厂家健康土种苗鸡每组3 000只，经地面或网上育雏30天后，在玉米地等大田场地放养。90天左右出售仔公鸡约1 500只，育成后，剔除200只左右貌似低产母鸡，选留后备高产母鸡1 200只。根据劳力情况、鸡场大小及市场行情，每年饲养2~5个批次。

4.放牧时间

随着苗鸡的长大和鸡舍温度的降低，30天时就可转入大棚舍饲，地面多垫干草（稻壳），并注意保温，防温差过大产生应激反应。在天气晴好或气温适宜时，可逐渐诱使小鸡出棚活动、采食。

（1）场地。放养场地需有生长期不低于8个月的植物（植被），场区养殖实行分区轮牧。每组鸡群出栏后，场地要用20%石灰水消毒，然后翻土，自然净化15天后栽植谷物或种植牧草。

（2）时间。一般育雏21~28天，转入大棚，并择时场地放养，放牧初期适当控制放养时间和距离，逐渐诱导鸡群由短到长、由近到远在林中采食，并注意雷雨天气和兽害。为了使土鸡更具“土”味，放养期要求在5个月以上，体重以1.5~2.0千克为宜。

（3）喂料。晴好天气，早、晚各饲喂2小时，中途以自然觅草、虫为主；雨天，人为补充青绿饲草。

5.注意事项

大田放养地块一般不需喷药防治虫害。如确需喷药，可喷生物农药。或在喷药期间，将鸡关在棚舍内，待药效过后再放养。

五 滩涂放养鸡

在降水量比较少的季节，一些较大河流的两岸会出现大面积的河滩。一些没有种植农作物的地方杂草丛生，昆虫很多，特别是在比较干旱的季节滋生大量的蝗虫，对附近的农作物也造成严重的危害。如河南省黄河流域每年3—6月份降水较少，每年在黄河滩区及其两岸需要喷洒大量的农药用于控制蝗虫灾害，不仅花费了大量的人力和财力，还对该地区的生态环境造成不良影响。利用滩区自然饲料资源养鸡不仅可以生产大量优质的鸡肉，还可以有效控制蝗虫的发生，节约大量的人力、财力，有效保护生态环境。

1.场址选择

滩区主要是指在河道的两旁及湖泊的周围，在每年的4—7月份降水量不大的情况下，滩区会出现大片的荒地，生长着大量的杂草。但是，到了雨季之后，由于降水量大，河流和湖泊中的水位上升，会把大片的荒地淹没。因此，滩区放养土鸡的时间多数情况下只有3~4个月。

2.鸡舍建设

滩区放养鸡需要有简单的设施，如帐篷（用于夜间鸡群休息和风雨天鸡群躲风避雨）、围网（用于控制鸡群活动范围）、发电设备、料桶和饮水器。

3.饲养要点

一般每亩滩地可以放养30~50只土鸡，如果放养数量过大则放养区内的杂草等野生饲料资源会在较短的时期内被吃净，甚至新的杂草无法生长，后期放牧就没有野生饲料可以利用。同时，需要根据滩区野生饲料资源情况筛选鸡群的补饲饲料的类型和量。滩涂区一般缺少高大的树木，鸡群长时间在日光直射下会发生中暑死亡。中午前后要选择能够遮阳的地方休息，并供给充足的饮水。

4.放牧时间

可以在3月初育雏，进入4月份开始放养的时候，鸡群达到30日龄以上，这样的鸡对外界环境的适应性比较强。

5.注意事项

(1)注意天气变化。遇到刮大风、下雨的天气,不要让鸡群外出,当风雨停下后再放出鸡群。如果下雨很大,要考虑河流或湖泊的水位上涨是否会影响到鸡群的安全。

(2)防止野生动物危害。放养前要在场地内拿竹竿走一趟,把蛇及其他体型较大的野生动物驱赶走。白天放牧期间,要定期在放养场地内巡查,夜间在帐篷附近要有灯泡照明。

第五章 肉鸡的饲养管理

加强肉鸡的饲养管理，对于提高肉鸡的整体生产水平、提高肉鸡产品质量至关重要。肉鸡生长一般分为两个阶段：雏鸡饲养阶段和育肥鸡饲养阶段。这两个阶段饲养的管理要点是温湿度控制、光照控制、通风换气的控制、观察鸡群、疫病防控等，要坚持全进全出饲养管理制度。另外，科学地处理和利用鸡粪，不仅可以减少疾病的传播，还可以变废为宝，产生较好的社会效益、生态效益和经济效益。

第一节 雏鸡的饲养管理

一 进雏前管理

鸡舍及设备的检查、安装与维修鸡舍应保持良好的保温性能，不透风、不漏雨、不潮湿。饲养设备应齐备完好。

鸡舍的清理与消毒：其程序是搬运、清扫、冲洗、喷洒、熏蒸。

预热试温：接雏前2天要安装好育雏增温设备，并进行预热试温工作，使其达到标准要求，并检查能否恒温，以便及时调整。

备足饲料与垫料。

准备疫苗和药品。

二 雏鸡管理要点

1.雏鸡选择

品种选择：目前，从国外引进的肉鸡品种有10余种，如艾维茵、爱拔益加、罗斯、宝星、罗曼等。其中，艾维茵和爱拔益加肉仔鸡是最受欢迎的优良品种。另外,我国地方品种肉鸡也不少,如宣城黄麻鸡、石岐杂鸡、惠阳鸡、桃源鸡、北京油鸡等。这些鸡的特点是肉质鲜美、皮脆骨细、鸡味香浓,但生产性能较低。

场家选择:购买雏鸡一定从有生产经营许可证、质量信得过的种鸡场购买。

质量选择:主要通过观察外表形态,选择健康雏鸡。

2.雏鸡运输

雏鸡的运输也很关键,雏鸡运输最好在出壳24小时内运到育雏室。

3.雏鸡饮水

雏鸡出壳后水分散发很快, 必须尽早给水, 同时饮水还可以清理胃肠,排出胎粪,促进新陈代谢,加快卵黄吸收。育雏第1周要饮温开水,水温与室温接近, 保持在20 ℃左右。第1天的饮水中应加入5%葡萄糖或蔗糖,如果雏鸡脱水严重,可连饮3天糖水。另外,为了减少应激,在前一周的水中加入电解多维,1周后饮清洁的凉水即可。

4.雏鸡喂料

开食时间:开食是指雏鸡第一次吃料。一般在雏鸡饮水后即可开食,这样有利于雏鸡增重。开食方法:初次喂料主要训练鸡群吃料。可将饲料均匀地撒在饲料盘中或塑料布、牛皮纸上,让雏鸡自由采食。

5.温度

温度是肉鸡正常生长发育的首要条件。开始温度较高,不能与孵化出雏的温度相差太大,否则雏鸡不适应,团缩打堆不愿活动,更不会采食,无法正常生长。一般第1~2日龄育雏温度(鸡背高度或网上5厘米高度)为34~35℃,舍内温度为24~27℃。以后每周降低3℃,到第5周温度降至18~21℃,以后即保持这个温度。在降温的过程中一定要保持均衡降温,另外,还要考虑天气情况,降温速度太慢不利于羽毛生长;降温速度太快雏鸡不适应,生长速度降低,死亡增加。

育雏温度是否适宜,主要看鸡群的行为表现,不能单凭温度测量,主要根据雏鸡的行为表现加以适当调整,做到看雏施温。

6.湿度

雏鸡对湿度的要求不像温度那样严格,适应范围较大。湿度控制原则是前高后低。一般前10天的相对湿度应保持在60%~70%, 后期保持在

50%~60%。

7.通风换气

一般情况鸡舍要求：氨气不超过0.002%，硫化氢不超过0.000 5%，二氧化碳不超过0.2%。可根据人的感觉来判定，即人进入鸡舍不感到憋气和刺鼻为宜。加强通风是改善舍内环境条件的主要措施。

8.光照

前2天采用24小时光照，目的是使雏鸡在明亮的光线下增加运动，熟悉环境，尽早饮水、开食。3天后23小时光照、1小时黑暗，目的是适应突然停电，以免引起鸡群骚乱。从第2周起，白天利用自然光照，夜晚在吃料和饮水时开灯。光照控制一般是2米高度吊一个加罩灯泡，灯间距3米，第1周采用40瓦的灯泡，第2周以后改用15瓦灯泡即可满足需要。

9.密度

一般地面平养0~4周龄饲养密度为20~30只/米^2；5~8周龄10~12只/米^2，网上饲养比地面平养可增加50%，笼养比地面平养增加约1倍。每只鸡占的料槽位置是5厘米，每只鸡占的水槽位置是1.5厘米。

第二节　育肥鸡的饲养管理

一 日常饲养管理要点

1.温度、湿度控制

育肥鸡21℃左右较为适宜，肉鸡在适宜温度范围，理想湿度在50%~72%。湿度过大，会诱发多种疾病如球虫病的发生；湿度过低，空气中的尘埃增加，容易产生呼吸道疾病。

2.光照控制

肉鸡需要光照主要为了延长采食时间，促进生长。肉鸡一般采用24小时光照，如果每天给1小时的黑暗时间，能够使鸡只适应黑暗环境，一旦停电，不会因此拥挤窒息。育肥鸡的光照强度一般每平方米0.7~1.3瓦。强光对鸡群有害，阻碍生长，弱光可使鸡群安静，有利于生长育肥。

3.通风换气的控制

保持鸡舍内空气新鲜和适当流通是饲养肉鸡的重要条件。足够的氧气能使鸡只保持良好的健康状态。一般鸡舍的含氧量应保持在18%以上，舍内避免氨气过重，吸入过多氨气会刺激鸡气管，引起气管炎、结膜炎腹水症等，也增加球虫病的感染机会，从而降低饲料的转化率，造成生长缓慢。

4.疫苗免疫

定期防疫能有效防止传染病的发生。免疫程序详见“第六章　肉鸡常发疾病及其防控技术”。

5.观察鸡群

观察鸡群可以随时了解鸡群的健康状况。健康的鸡精神好，反应灵敏，食欲旺盛；不健康的鸡精神萎靡，行动迟缓，缩颈闭眼，反应迟钝，离群呆立，翅膀下垂，精神差。正常情况下，粪便有一定的形状，呈灰褐色，表面附有一定量的白色物质。若粪便异常，说明已感染了疾病，要及时诊治，以免造成经济损失。

二 饲养管理制度

1.全进全出

所谓“全进全出”，就是同一栋舍内只进同一批鸡雏，饲养同一日龄鸡，采用统一的饲料，统一的免疫程序和管理措施，并且在同一天全部出场。出场后对整体环境实行彻底清扫、清洗、消毒。

2.合理分群

由于公母鸡的生理基础不同，对环境条件和营养需要也有差别，因此，在饲养过程中最好采取公母分群饲养。要及时做好大小、强弱分群工作，不断剔除病、弱、残、次的鸡，根据鸡群的不同情况，区别对待，随时创造条件满足鸡的生长需要，促进鸡群的发育整齐。

3.观察鸡群

主要观察鸡群的行为姿态是否正常，羽毛是否舒展、光润、贴身，粪便形状、颜色是否正常，呼吸姿势是否改变，用料量是否减少等以判断鸡的生长发育情况。

4.减少残次品

要求垫料松软、网垫有弹性,减少胸囊肿的发生。定期调整料槽、水槽高度,抓鸡前移走舍内设备,轻拿轻放,运输要稳,减少挫伤和骨折。

5.卫生管理

第一,鸡舍建筑应符合卫生要求。第二,每批肉鸡出栏后应实施清洗、消毒和灭虫、灭鼠,消毒剂建议选择高效、低毒和低残留消毒剂;灭虫、灭鼠应选择菊酯类杀虫剂和抗凝血类杀鼠剂。第三,鸡舍清理完毕到进鸡前空舍至少2周,关闭并密封鸡舍防止野鸟和鼠类进入鸡舍。第四,养鸡场地设有"谢绝参观"标志。第五,工作人员要求身体健康,无人畜共患病。

6.合理免疫用药

肉鸡场应根据当地实际情况,有选择地进行疫病的预防接种工作,并注意选择适宜的疫苗、免疫程序和免疫方法。发生疫病或怀疑发生疫病时及时采取措施及时诊断,选择对症药品合理用药,避免滥用药物。

7.适时出栏

从肉鸡的绝对增重情况和饲料转化率来看,在快大型肉鸡6~7周龄左右出栏比较适宜,中慢型肉鸡根据品种生长性能和市场需求适时出栏。严格执行停药期,屠宰前10小时停止喂料。

第三节 集约养殖的粪污利用

鸡场的主要废弃物是鸡粪。由于鸡的消化道短,采食的饲料在消化道内停留时间比较短,鸡消化吸收能力有限,所以,鸡粪中含有大量未被消化吸收、可被其他动植物所利用的营养成分,如粗蛋白、粗脂肪、必需氨基酸和大量维生素等。同时,鸡粪也是多种病原菌和寄生虫卵的重要载体。科学地处理和利用鸡粪,不仅可以减少疾病的传播,还可以变废为宝,产生较好的社会效益、生态效益和经济效益。

高效处理鸡粪是集约化养鸡场必须进行的一项工作,大型养鸡场的鸡粪有效处理后,不仅可以保障养鸡场健康卫生的鸡群生长环境,还能降低鸡病的发生率，优化养鸡资源，现在就集约化养鸡场的粪污利用方法进行概述。

一 鸡粪的收集方式

1.即时清粪工艺

即时清粪大都采用机械清粪，投资大，舍内空气质量较好，常用的机械有两类：

（1）刮粪机清粪。用于阶梯式笼养鸡舍及少数网上平养鸡舍。系统组成主要由控制器、电动机、减速器、刮板、钢丝绳等设备组成。

（2）履带式清粪。用于叠层式笼养鸡清粪。系统由控制器、电机、履带等组成。常常几个配合使用，直接将粪便输送到运粪车上。

2.集中清粪工艺

主要适用于高床单层笼养或高床网上平养的方式，机械设备投资较少。优点是劳动效率高；缺点是鸡粪在舍内堆积发酵产生霉败臭气，影响鸡生长发育和正常产蛋。

3.生态发酵床工艺

生态发酵床养殖是一种舍饲散养模式，是将菌种、米糠、锯末、玉米粉等按比例混合作为鸡舍的垫料，再利用鸡的翻扒习性使鸡粪、尿和垫料充分混合，通过垫料的分解发酵，使鸡粪、尿中的有机物质得到充分的分解和转化的养殖工艺。

二 粪污的处理与利用

1.制作有机肥

（1）自然堆肥发酵法。是指收集的粪便堆积在堆粪场或储粪池，在适宜的条件下，通过好气菌将鸡粪中各种有机物分解产热生成一种无害的腐殖质肥料的过程。需要根据鸡场自身的设计规模，找专人设计和建设与之相适宜的堆粪场或储粪池，要求三面围挡或三面密闭处理也可以，其中一面预留出合适宽度，方便车辆进行粪污清理运输；配套粪污处理设施要求做到“三防”，即防渗、防雨、防溢流。发酵处理好的鸡粪使用干燥设备干燥后，经粉碎、过筛后制成有机肥；还可以经过圆盘造粒机做成颗粒肥，用于蔬菜、花卉等农业生产。这种方法具有速度快、处理量大、消毒灭菌和除臭效果好等特点；应用比较广泛，大多数鸡场操作比较容易，要求的技术手段也容易接受；鸡粪被制作成颗粒肥后，也便于运输和使用。

(2)翻抛发酵法。是指通过多次堆沤和翻抛鸡粪并转化成有机肥的传统开放式好氧发酵生产工艺。此方法要求发酵场地面积较大，鸡粪发酵腐熟时间较长(28~50天)，发酵过程属于无组织排放废气，容易对周边居民产生不良影响。主要优点是设备成本较低，操作较为方便，水分在发酵过程中高温蒸发，无废水排放，发酵过程可以钝化粪污的重金属。

(3)粪污原位发酵处理。将养殖生产和粪污处理两个环节有机融为一体，使粪污实现原位处理降解和零排放。该方法适合舍内垫料平养鸡舍。根据当地实际情况选择稻壳、锯末子，与适宜的发酵有益菌混合作为鸡舍的垫料，鸡在垫料上活动，通过有益菌分解鸡粪。此种方法技术要求比较高，费用较多，需要定期补充发酵有益菌，同时还需控制鸡舍保持一定的温湿度。

(4)发酵罐处理。是目前大多数鸡场处理鸡粪的方式。将发酵碳基(如统糠、木屑)与生鲜鸡粪按比例投入发酵罐体，罐体内部使用强力风机送风供氧、液压搅拌实现密闭式好氧发酵。一般为塔式结构，每天连续自动投放粪污，6层发酵室自动填装粪污。发酵罐发酵周期为一周，60~70 ℃恒温好氧发酵，投入一次菌种可以连续发酵，水分控制在70%以内的粪污原料都可以处理。每天投入一批粪污，产出一批有机肥。鸡粪发酵罐较传统发酵方式的优点在于：机械化程度高，操作简便，自动搅拌、控温，自动进出料，适应性强，一年四季均可发酵生产。

2.生产沼气

沼气生产是指通过微生物的代谢作用，将鸡粪中的有机物经过厌氧消化转化为甲烷和二氧化碳，沼气可发电上网或提纯生物天然气，沼渣生产有机肥农田利用，沼液农田利用或深度处理达标排放。鸡粪通过厌氧发酵在生产优质燃料的同时，实现粪污减量、循环利用和保护环境的目的。按发酵温度可分为常温发酵、中温发酵和高温发酵，厌氧发酵温度一般在10~60 ℃，温度升高，厌氧发酵产气率也随之提高。厌氧发酵微生物的新陈代谢是一个连续过程，根据进料方式可分为连续发酵、半连续发酵和批量发酵。根据发酵液浓度可分为液体发酵和固体发酵，液体发酵的干物质含量控制在8%以下，固体发酵在20%左右。实际设计过程中，更倾向于使用固体发酵，因为运用此法的发酵残渣更易于清除、运输和施肥。厌氧发酵完成后，沼液中仍含有许多未被分解的有机物，直接排放会造成二次污染，简便的处理方式是用作液体肥料施入农田，实现粪污的还田利用。

3.饲料化利用

由于鸡的消化道较短，采食进去的饲料在肠道停留时间较短，只能吸收约30%的养分，其余部分通过直肠排出体外。鸡粪的营养较丰富，平均营养含量以干物质计算：粗蛋白质27.8%、粗脂肪2.4%、无氮浸出物30.8%、粗纤维13.1%、水分22.5%、钙3%、磷2%。同时，鸡粪中含有18种氨基酸，干鸡粪中含有赖氨酸5.4克/千克、胱氨酸1.8克/千克和苏氨酸5.3克/千克，均超过玉米、高粱、豆饼和棉籽等氨基酸的含量；还有B族维生素，特别是维生素B_{12}及各种微量元素。畜禽粪便的饲料化利用，既能解决粪便对环境的污染问题，又可改善蛋白质饲料资源的短缺现象。

用畜禽的新鲜粪便直接饲喂家畜，存在着一定的风险，因为粪便中含有寄生虫卵、一些有毒物质和病菌，会对人和畜产生严重危害，因此需要进行处理后方可变为饲料使用。

鸡粪作为饲料化应用时常见的处理方法如下。

(1)生物方法。

①自然厌氧发酵：将鲜鸡粪中的杂质除去，装入密封的塑料袋或水泥池中，留一透气小孔，让废气逸出，并将水分控制在32%~38%；发酵时间因季节不同而不同，春季和秋季各3个月，冬季4个月，夏季约1个月，当发酵物体内外温度相等时，发酵停止。

②充氧发酵：鸡粪中还有大量的微生物，如酵母菌和乳酸菌等，在温度约10 ℃和含水量45%的条件下，提供充足的氧气，使鸡粪在好氧菌的作用下迅速繁殖，分解出硫化氢等有害气体，使有效氨基酸增加和酸度增加。经搅拌而放出异味气体后，干燥成粉状饲料，适于饲喂反刍动物。

③青贮发酵：将鲜鸡粪含水量调整约60%，除去杂物，按鸡粪50%、青饲料30%及麸糠20%的比例，加少量食盐，装入青贮池或窖中踏实封严，发酵30~45天即可饲用。也可用秸秆粉20%、麸皮10%和鸡粪70%混合进行窖

内发酵3~7天后即可饲用。青贮发酵的饲料粗蛋白含量高达18%,是牛、羊等反刍动物的理想饲料,可直接饲喂。

④酒糟发酵在将鲜鸡粪中加入适量的糠麸,后加入10%的水和10%的酒糟,搅拌均匀后装入发酵池中发酵10~20小时,再用高温灭菌;也可在鸡粪中加入20%~25%的鲜啤酒糟,拌匀后放入水泥地封埋发酵7天,即可得酒香味的鸡粪饲料。

⑤EM菌剂发酵:将鸡粪风干,使其含水率低于20%,将EM菌剂(EM是一种微生物制剂)倒入红糖水中,激活2小时,与鸡粪混合均匀装入密封的容器内进行厌氧发酵,夏季4~5天,冬季7天即可使用。利用菌剂可将生鸡粪变成无毒且营养丰富的饲料。

⑥分解法:利用微生物处理的鸡粪培养蝇蛆和蚯蚓等,通过蝇蛆和蚯蚓等低等动物来分解粪便,再将蝇蛆和蚯蚓加工成粉,或直接饲喂畜禽;蝇蛆和蚯蚓是营养价值很高的蛋白质饲料。蚯蚓粪可作为有机肥料。

(2)物理方法。

①自然干燥:将鸡粪掺入一定比例的糠麸拌匀后晾晒,需经常翻动或摊散,待自然风干后粉碎即可。这种方法简单易行和投资少,但效率低及营养物质损失多,不能杀灭某些病原菌和寄生虫卵。

②舍内干燥:在舍内或大棚内,将鸡粪平铺于地面上,用机械搅拌,使用通风机通风,然后用干燥机干燥或晾干,降低含水量至10%。

③机械干燥:将鸡粪放入高温快速干燥设备,或装有机械搅拌和气体蒸发的干燥器内,控制温度,用高温和低温,或不同温度分层处理等方法将鸡粪烘干。

(3)化学方法。

①甲醛、硫酸和尿素氨化处理法:将新鲜鸡粪晾开,加入0.5%甲醛,堆放24小时后加入0.1%的硫酸搅拌均匀,堆放24小时,后加入3~5%的尿素氨化24小时,堆放24小时,然后散堆晾干,加工粉碎后使用。整个过程需要10~15天完成。

②丙酸、醋酸和甲醛处理法:按照0.25%、0.5%和1%的比例,在鸡粪中加入50%的丙酸、20%的醋酸和甲醛,搅拌充分后晾晒,自然干燥后装袋使用。

③磷酸、丙酸和醋酸处理法:在鸡粪中按照0.25~0.5%的比例,加入1%的磷酸钙或磷酸,80%的丙酸和20%的醋酸后堆肥5~14天。

第六章 肉鸡常发疾病及其防控技术

随着我国肉鸡养殖业的迅速发展,规模化、集约化的饲养方式逐渐取代了小农户分散饲养方式。由于饲养方式的改变,鸡病的发生也产生了一些新的变化。商品肉鸡生长速度相对比较快,饲养周期相对比较短,养殖中常出现一些比较严重的疾病,给肉鸡的质量和产量造成较大的影响。肉鸡的常发疾病有其自身特点,而且养殖的各个阶段常发疾病也有所不同,因此在肉鸡的日常饲养中,应该根据肉鸡具体发病原因和发病特点来采取一定科学化、合理化的防治措施。本章着重介绍肉鸡养殖常发疾病的病原、流行特点、临床症状、剖检病变和预防治疗措施等,辅以大量临诊图片,希望能给广大养鸡户提供一些实用的技术参考,指导他们做好肉鸡常发疾病的预防和治疗工作,进而全面提升肉鸡的品质和经济效益。

第一节 肉鸡疫病综合防控概述

一 肉鸡疫病的防控理念

商品肉鸡疫病的防控理念是“防重于治”。“防重于治”的思想包括“预防为主、养防结合、防重于治”12个字。在集约化、规模化的鸡群中,若忽视了预防优先的措施,而忙于治疗鸡病,则势必造成养鸡生产完全陷于被动。“防重于治”的思想要求每一个工作人员做到以下几点:

每个工作人员应加强责任心,树立防疫意识。

管理人员对鸡场环境、鸡舍设备要有充分了解,对鸡禽群状况要心中有数,每天进行认真检查,发现异常应及时报告或处理,做到及早发现问题、解决问题。

要认清预防工作是一项长期的工作，其效果和效益需要经过一定时间才能显现，所以要从长远利益出发。严格遵守有关兽医法规和规章制度，长期坚持做好每一项预防工作。

肉鸡养殖中主要是要预防传染病，要预防传染病，首先要了解传染病流行的3个基本环节。

二 鸡传染病流行的三个环节

1.传染源

传染源（亦称传染来源）是指某种传染病的病原体在其中寄居、生长、繁殖，并能排出体外的动物机体。对商品肉鸡来说传染源就是患病鸡和病原携带鸡。不同病期的病鸡，其作为传染源的意义也不相同。患病鸡的前驱期和症状明显期因能排出病原体且具有症状，可排出大量毒力强大的病原体，因此作为传染源的作用也最大。病原携带鸡外表无症状但携带并排出病原体。病原携带鸡排出病原体的数量一般不及病鸡，但因缺乏症状不易被发现，有时可成为十分重要的传染源，如果检疫不严，还可以随鸡群的运输散播到其他地区，造成新的暴发或流行。病原携带时间段一般分为潜伏期、恢复期和健康期3类。

2.传播途径

病原体由传染源排出后，经一定的方式再侵入其他易感动物所经的途径称为传播途径。在传播方式上可分为直接接触传播和间接接触传播。

3.鸡群的易感性

易感性指鸡对于每种传染病病原体感受性的大小。鸡易感性的高低主要由鸡体的遗传特征、疾病流行之后的特异免疫等因素决定的。

三 鸡病综合预防措施

1.控制传染源

（1）扑杀、封锁。当养鸡场暴发某些重要的烈性传染病时，如新城疫、禽流感等，应严格进行扑杀、封锁，限制人、动物及其产品进出养鸡场，对于鸡群和环境做彻底消毒，要是大型养鸡场或种鸡场，即使在无疫病流行时也应与外界处于严密封锁和隔离。

(2)隔离。通过各种检疫的方法和手段，把病鸡和健康鸡区分开来，分别饲养，目的是控制传染源，防止疫情继续扩大。

(3)检疫净化淘汰。通过各种诊断方法对鸡及其产品进行疫病检查。通过检疫可及时发现病鸡。并采取相应的措施，防止疫病的发生与散播。

2.切断传播途径

(1)养鸡场地的选择和布局。养鸡场地的选择，应做慎重和全面考虑，从防疫卫生角度，应特别注意远离居民点，远离鸡场、屠场、市场和交通要道，地势较高而不位于低洼积水的地方，有充足和卫生的水源。

(2)加强卫生消毒。消毒包括主要通道口与场区的消毒、工作人员的消毒、运载工具、种蛋的消毒、饮水消毒、鸡舍的消毒和带鸡喷雾消毒。

(3)杀灭传播媒介物。蚊、蝇、蜱等节肢动物和鼠类动物均是畜禽多种疫病和人兽共患疾病的传染媒介或自然宿主，所以，杀虫灭鼠是畜禽饲养场防止多种疫病发生的重要手段。

3.保护易感动物

(1)加强饲养管理。做好保温、通风透气、湿度和光照，避免过分拥挤，使用充足的吸水性好的垫料，保持充足和卫生的饮水，避免或减轻应激，满足鸡的营养需要。

(2)正确接种疫苗。肉鸡场一般饲养数量大，相对密度较大，随时都有可能受到传染病的威胁，为了防患于未然，在平时就要有计划地对健康鸡群进行免疫接种。免疫接种时注射疫苗的各种用具要洗净、煮沸消毒方可使用，饮水免疫时水中不应含有氯化物、两小时左右饮完，执行正确的免疫程序。

4.商品鸡参考免疫程序

1日龄：马立克病疫苗颈部皮下注射。

7日龄：新支(H120)二联滴鼻或点眼，同时颈部皮下注射新支流(禽流感H9亚型)腺四联疫苗。

14日龄：法氏囊疫苗滴口或饮水。

21日龄：新支(H52)二联冻干苗饮水，禽流感病毒H5亚型(Re-13株+Re-14株)+H7亚型(Re-4株)三价灭活疫苗颈部皮下注射。

28日龄：法氏囊疫苗滴口或饮水。

第二节　商品肉鸡主要疾病及防治

一 病毒性传染病

1.禽流感

禽流感是由A型流感病毒中的任何一型引起的一种感染综合征，又称真性鸡瘟、欧洲鸡瘟。

1)病原

A型流感病毒属正黏病毒科的病毒。病毒通常在56 ℃经30分钟灭活。某些毒株需要50分钟才能灭活。甲醛可破坏病毒的活性；肥皂、去污剂和氧化剂也能破坏其活性。冻干后在-70 ℃可存活2年。在干燥的灰尘中可保存活性14天。

2)流行特点

感染鸡从呼吸道、眼结膜和粪便中排出病毒。因此，可能的传播方式有感染鸡和易感鸡禽的直接接触和包括气溶胶或暴露于病毒污染的间接接触两种。因为感染禽能从粪便中排出大量病毒，所以，被病毒污染的任何物品，如鸟粪和哺乳动物、饲料、水、设备、物资、笼具、衣物、运输车辆和昆虫等，都易传播疾病。本病一年四季均能发生，但冬春季节多发，夏秋季节零星发生。

3)临床症状

(1)高致病性禽流感。该病的潜伏期较短，一般为4~5天。因感染鸡的品种、日龄、性别、环境因素、病毒的毒力不同，病鸡的症状各异，轻重不一。

最急性型：由高致病力流感病毒引起，病禽不出现前驱症状，发病后急剧死亡，死亡率在90%~100%。

急性型：为常见的一种病型。病鸡表现为突然发病，体温升高，可达42 ℃以上。精神沉郁，鸡舍异常安静(图6-1)，肿头，眼睑周围浮肿，肉冠和肉垂肿胀、出血甚至坏死，鸡冠发紫，腿部肿胀、出血(图6-2)。采食量急剧下降。病禽呼吸困难、咳嗽、打喷嚏，张口呼吸，突然尖叫，后期头颈后扭、运动失调、瘫痪等神经症状。

（2）低致病性禽流感。堆挤、精神不振、食欲减少，以轻度乃至严重的呼吸道症状最为常见。

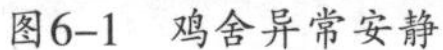
图6-1 鸡舍异常安静

图6-2 脚部肿胀、出血

4）剖检病变

（1）高致病性禽流感。最急性死亡的病鸡常无眼观变化。急性者可见头部和颜面浮肿，鸡冠、肉髯肿大在3倍以上；皮下有黄色胶样浸润、出血，胸、腹部脂肪有紫红色出血斑；心包积水，心冠脂肪出血（图6-3），心外膜有点状或条纹状坏死、心内膜出血（图6-4）。消化道变化表现为腺胃乳头水肿、出血（图6-5），肌胃角质层下出血；十二指肠、盲肠扁桃体、泄

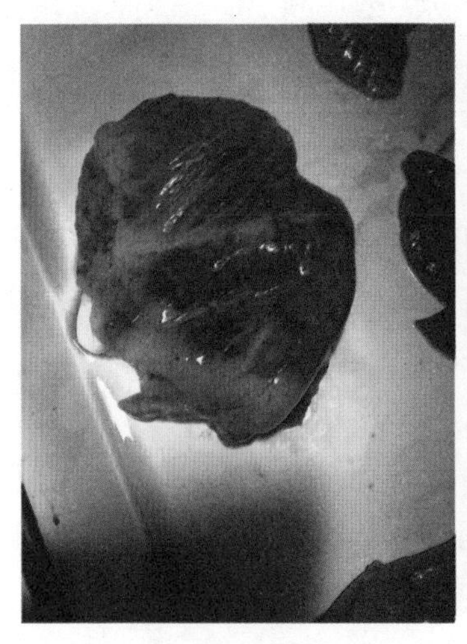

图6-3 心冠脂肪出血

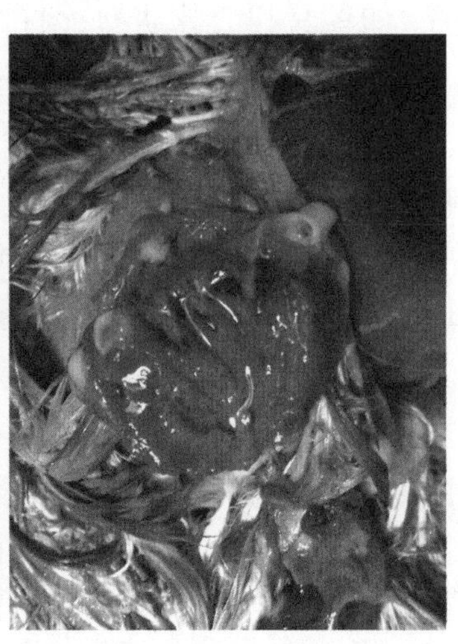

图6-4 心内膜出血

殖腔充血、出血；肝、脾、肾脏瘀血出血、肿大(图6-6)，胰腺有白点坏死灶(图6-7)；产蛋种鸡卵巢出血(图6-8)。

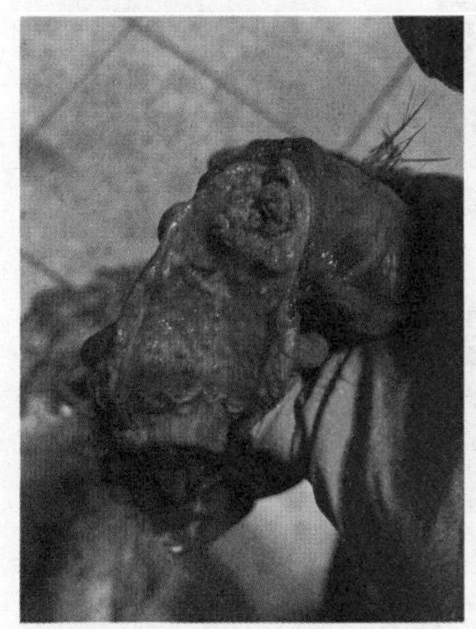

图6-5 腺胃乳头出血

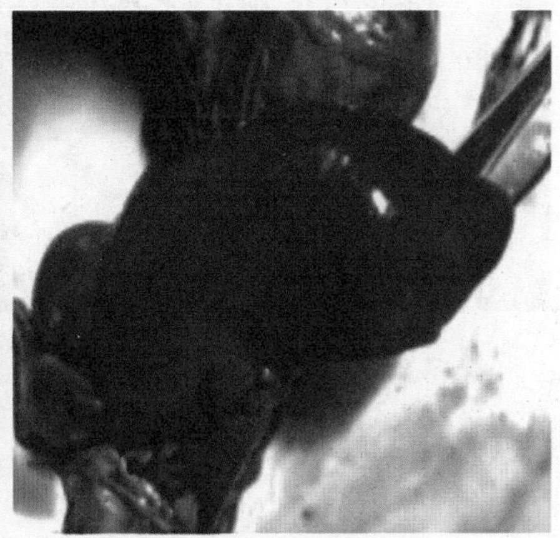

图6-6 肝脏出血

图6-7 胰腺有白色坏死点

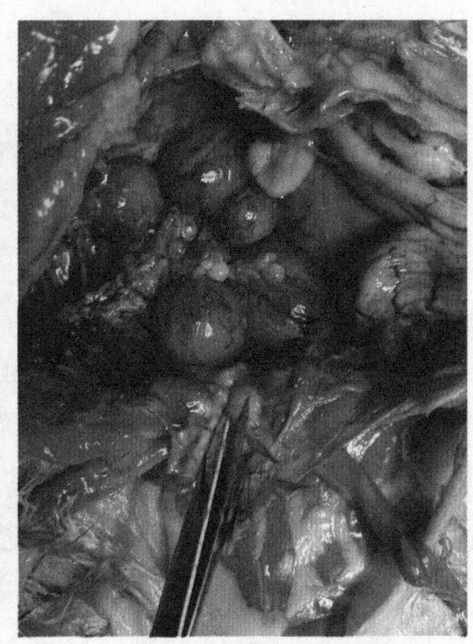

图6-8 卵巢出血

(2)低致病性禽流感。病理变化主要在呼吸道，气管渗出物从浆液性到干酪性不等，有时可造成支气管堵塞(图6-9)导致呼吸困难。有细菌继发感染时，炎症蔓延到胸腹腔气囊，造成气囊炎(图6-10)。

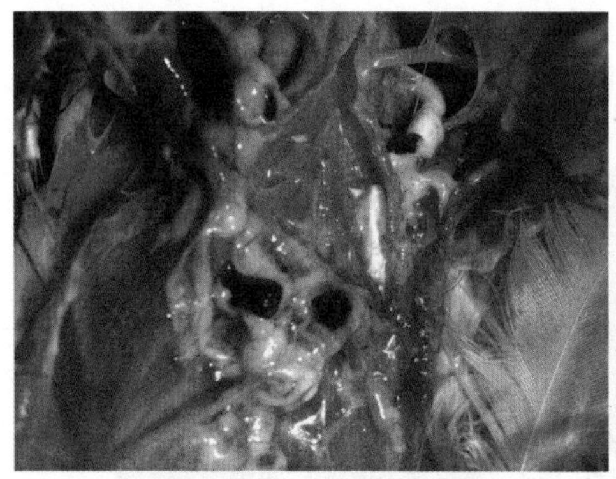

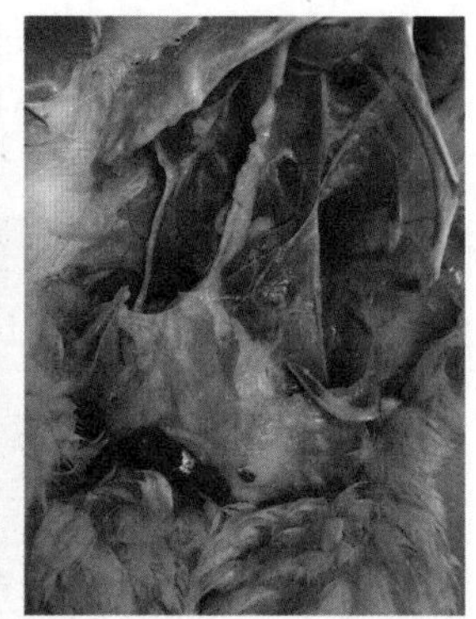

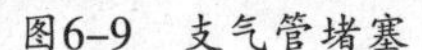

图6-9　支气管堵塞　　图6-10　气囊炎

5)诊断

根据流行特点、临床症状和剖检病变可做出初步诊断,确诊必须依靠病毒的分离、鉴定。

低致病性禽流感采取对症治疗,以减少损失。对症治疗可采用抗病毒药物(如板蓝根)配抗菌药物(如多西环素)饮水,连用5~7天,以防止大肠杆菌、支原体等继发感染与混合感染。

(1)预防。禽流感发病急、死亡快,一旦发生损失较大,应重视对该病的预防。

①加强饲养管理。严格执行生物安全措施,加强禽场的防疫管理,禽场门口要设消毒池,谢绝参观,严禁外人进入禽舍,工作人员出入要更换消毒过的胶靴、工作服,用具、器材、车辆要定时消毒。禽舍的消毒可选用二氯异氰尿酸钠或二氧化氯以强力喷雾器做喷洒消毒。粪便、垫料及各种污物要集中做无害化处理;消灭禽场的蝇蛆、老鼠、野鸟等各种传播媒介。建立严格的检疫制度,种蛋、雏禽等产品的调入,要经过兽医检疫;新进的雏禽应隔离饲养一定时期,确定无病者方可入群饲养;严禁从疫区或可疑地区引进家禽或禽制品。加强饲养管理,避免寒冷、长途运输、拥挤、通风不良等因素的影响,增强家禽的抵抗力。

②免疫预防。禽流感病毒的血清型多且易发生变异,给疫苗的研制带来很大困难。但在现行的养殖环境下,接种疫苗还是预防本病的重要选择,免疫时需及时更换与流行毒株匹配的疫苗。

(2)治疗。高致病性禽流感属法定的畜禽一类传染病,危害极大,故一旦暴发,确诊后应坚决彻底销毁疫点的鸡只及有关物品,执行严格的封锁、隔离和无害化处理措施。严禁外来人员及车辆进入疫区,禽群处理后,禽场要全面清扫、清洗、消毒、空舍至少3个月。

2.鸡新城疫

鸡新城疫又称亚洲鸡瘟。是由禽副流感病毒型新城疫病毒引起的一种主要侵害鸡的高度接触传染性、致死性疾病。鸡发病后的主要特征:呼吸困难,下痢,伴有神经症状,成鸡严重产蛋量下降,黏膜和浆膜出血,感染率和致死率高。

1)病原

鸡新城疫病毒属于副黏病毒科,副黏病毒属。病毒在室温条件下可存活1周左右, 在56 ℃存活30~90分钟,4 ℃可存活1年,-20 ℃可存活10年以上。一般消毒药均对NDV有杀灭作用。

2)流行病学

本病的主要传染源是病鸡和带毒鸡的粪便及口腔黏液。被病毒污染的饲料、饮水和尘土经消化道、呼吸道或结膜传染易感鸡是主要的传播方式。空气和饮水传播,人、器械、车辆、饲料、垫料(稻壳等)、种蛋、幼雏、昆虫、鼠类的机械携带,以及带毒的鸽、麻雀的传播对本病都具有重要的流行病学意义。

本病一年四季均可发生,以冬春寒冷季节较易流行。不同年龄、品种和性别的鸡均能感染,但幼雏的发病率和死亡率明显高于大龄鸡。纯种鸡比杂交鸡易感,死亡率也高。

3)临床症状

本病的潜伏期为2~15天,平均5~6天。发病的早晚及症状表现依病毒的毒力、宿主年龄、免疫状态、感染途径及剂量、并发感染、环境及应激情况而有所不同。通常见有呼吸道症状和神经系统症状。

当非免疫鸡群或严重免疫失败鸡群发病时,可引起典型新城疫暴发。鸡群突然发病,常未表现特征症状就迅速死亡。发病率和死亡率在90%以上。随后出现甩头,张口呼吸,气管内水泡音,结膜炎,精神委顿,嗜睡,嗉囊内积有液体和气体,口腔内有黏液,倒提病鸡可见从口中流出酸臭液体。病鸡拉稀,粪便呈黄绿色。体温升高,食欲废绝,鸡冠和肉髯发紫。后期可见震颤、转圈、眼和翅膀麻痹,头颈扭转,仰头呈观星状及跛行等神经症状。面部肿胀也是本型的一个特征。产蛋鸡迅速减蛋，软壳蛋数量增多，很快绝产。

非典型鸡新城疫是鸡群在具备一定免疫水平时遭受强毒攻击而发生的一种特殊表现形式，主要特点：多发生于有一定抗体水平的免疫鸡群；病情比较缓和，发病率和死亡率都不高；临床表现以呼吸道症状为主，病鸡张口呼吸，有“呼噜”声，咳嗽，口流黏液，排黄绿色稀粪，继而出现歪头，扭脖或呈仰面观星状等神经症状；成鸡产蛋量突然下降5%~12%，严重者在50%以上，并出现畸形蛋、软壳蛋和糙皮蛋。

4)剖检病变

剖检可见以各处黏膜和浆膜出血，特别是腺胃乳头和贲门部出血(图6-11)。消化道淋巴滤泡的肿大出血和溃疡是ND的一个突出特征，盲肠扁桃体，在左、右回盲口各1处，枣核样隆起，出血、坏死(图6-12)。

图6-11　腺胃乳头和贲门部出血

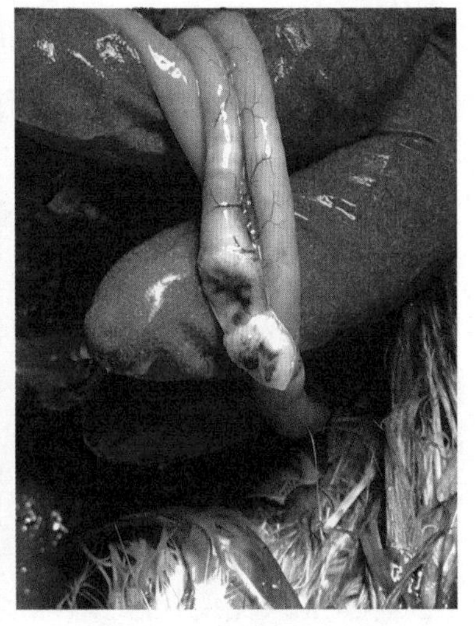

图6-12　盲肠扁桃体出血

非典型新城疫剖检可见气管轻度充血，有少量黏液。鼻腔有卡他性渗出物。气囊混浊。少见腺胃乳头出血等典型病变。

5)诊断

当鸡群突然采食量下降，出现呼吸道症状和拉绿色稀粪，成年鸡产蛋量明显下降，应首先考虑到新城疫的可能性。通过对鸡群的仔细观察，发现呼吸道、消化道及神经症状，结合尽可能多的临床病理学剖检，如见到以消化道黏膜出血、坏死和溃疡为特征的示病性病理变化，可初步诊断为新城疫。确诊要进行病毒分离和鉴定。

6)防治

(1)预防。新城疫的预防工作是一项综合性工程。饲养管理、防疫、消毒、免疫及监测五个环节缺一不可。不能单纯地依赖疫苗来控制疾病。加强饲养管理和兽医卫生，注意饲料营养，减少应激，提高鸡群的整体健康水平；特别要强调全进全出和封闭式饲养制，提倡育雏、育成、成年鸡分场饲养方式。严格防疫消毒制度，杜绝强毒污染和入侵。建立科学的适合于本鸡场实际的免疫程序，充分考虑母源抗体水平、疫苗种类及毒力、最佳剂量和接种途径、鸡种和年龄。坚持定期的免疫监测，随时调整免疫计划，使鸡群始终保持有效的抗体水平。

(2)治疗。一旦发生非典型鸡新城疫，应立即隔离和淘汰早期病鸡，全群紧急接种5倍剂量的LaSota(Ⅳ系)活毒疫苗，必要时也可考虑注射Ⅰ系活毒疫苗。对发病鸡群投喂电解多维和适当抗生素，可增加抵抗力，控制细菌感染。

3.传染性法氏囊病

鸡传染性法氏囊病是由病毒引起的一种主要危害雏鸡的免疫抑制性传染病。

1)病原

鸡传染性法氏囊病病毒为双RNA病毒科。病鸡舍中的病毒可存活100天以上。病毒耐热，耐阳光及紫外线照射。56 ℃加热5小时仍存活，60 ℃可存活0.5小时，70 ℃则迅速灭活。病毒耐酸不耐碱，用3%煤酚皂溶液、0.2%过氧乙酸、2%次氯酸钠、5%漂白粉、3%石炭酸、3%福尔马林、0.1%升汞溶液可在30分钟内灭活病毒。

2)流行病学

不同品种的鸡均有易感性。鸡传染性法氏囊病母源抗体阴性的鸡可于1周龄内感染发病，有母源抗体的鸡多在母源抗体下降至较低水平时感染发病。3~6周龄的鸡最易感。也有15周龄以上鸡发病的报道。本病全年均可发生，无明显季节性。

病鸡的粪便中含有大量病毒，病鸡是主要传染源。鸡可通过直接接触和污染了鸡传染性法氏囊病病毒的饲料、饮水、垫料、尘埃、用具、车辆、人员、衣物等间接传播，老鼠和甲虫等也可间接传播。本病一般发病率高（可达100%）而死亡率不高（多为5%左右，也可在20%~30%），卫生条件差而伴发其他疾病时死亡率可升至40%以上，在雏鸡甚至可达80%及以上。

本病的另一流行病学特点是发生本病的鸡场，常常出现新城疫、马立克病等疫苗接种的免疫失败，这种免疫抑制现象常使发病率和死亡率急剧上升。

3）临床症状

本病潜伏期为2~3天，易感鸡群感染后发病突然，病程一般为1周左右。发病鸡群的早期症状之一是有些病鸡有啄自己肛门的现象，随即病鸡出现腹泻，排出白色黏稠或水样稀便。随着病程的发展，食欲逐渐消失，颈和全身震颤，病鸡步态不稳，羽毛蓬松，精神委顿，卧地不动，体温常升高，泄殖腔周围的羽毛被粪便污染。此时病鸡脱水严重，趾爪干燥，眼窝凹陷，最后衰竭死亡。急性病鸡可在出现症状1~2天死亡，鸡群3~5天达死亡高峰，以后逐渐减少。

4）病理变化

病死鸡肌肉色泽发暗，大腿内外侧（图6–13）和胸部肌肉（图6–14）常见条纹状或斑块状出血。腺胃和肌胃交界处常见出血点或出血斑（图6–15）。法氏囊病变具有特征性，水肿，比正常大2~3倍，囊壁增厚，外形变圆，呈土黄色，外包裹有胶冻样透明渗出物。黏膜皱褶上有出血点或出血

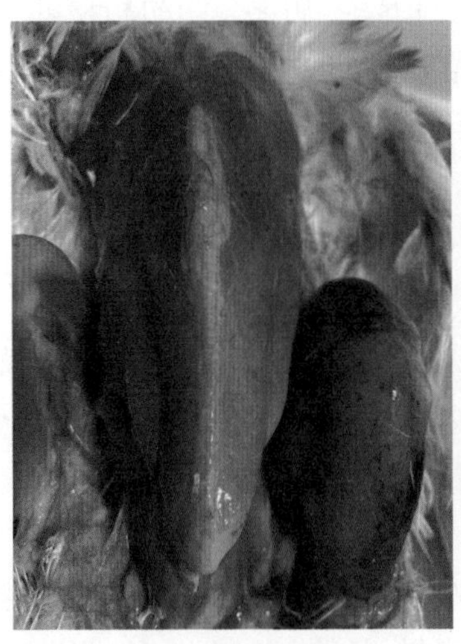

图6–13　大腿肌肉出血

图6–14　胸肌和腿肌出血

斑,内有炎性分泌物或黄色干酪样物(图6–16)。随病程延长,法氏囊萎缩变小、囊壁变薄,第8天后仅为其原重量的1/3左右。一些严重病例可见法氏囊严重出血,呈紫黑色如紫葡萄状。肾脏肿大,常见尿酸盐沉积,输尿管有多量尿酸盐而扩张。盲肠扁桃体多肿大、出血。

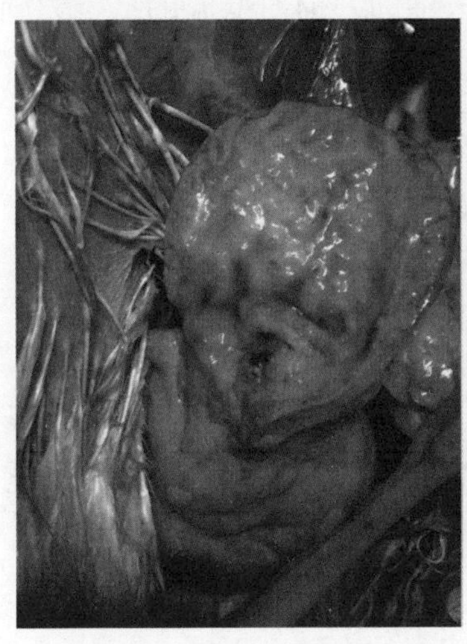

图6–15 腺胃和肌胃交界处出血

图6–16 法氏囊肿大,内含黄色干酪样物

5)诊断

本病根据其流行病学、病理变化和临诊症状可做出初步诊断。确诊须做实验室诊断。

6)防治

(1)预防。搞好免疫接种。肉用雏鸡多在2周龄和4~5周龄时进行两次弱毒苗免疫,也可在2周龄注射新流法油佐剂灭活苗1次。

(2)治疗。发病鸡舍应严格封锁,每天上、下午各进行一次带鸡消毒。对环境、人员、工具也应进行消毒,病雏早期用高免血清或卵黄抗体治疗可获得较好疗效,2.0毫升/羽,皮下或肌肉注射,必要时次日再注射1次。及时选用对鸡群有效敏感的抗菌药,控制继发感染。在饮水中加入多维,促进康复。

4.传染性支气管炎

传染性支气管炎是鸡的一种急性、高度接触性的呼吸道疾病。以咳嗽，打喷嚏，流鼻液，呼吸道黏膜呈浆液性、卡他性炎症为特征。

1)病原

传染性支气管炎病毒属于冠状病毒科冠状病毒属的病毒。该病毒多数呈圆形，直径大小为80~120纳米。传染性支气管炎病毒血清型较多。

大多数病毒株在56 ℃ 15分钟失去活力，但对低温的抵抗力则很强，在-20 ℃时可存活7年。一般消毒剂，如1%来苏儿、1%石炭酸、0.1%高锰酸钾、1%福尔马林及70%酒精等均能在3~5分钟将其杀死。

2)流行特点

雏鸡发病最为严重，死亡率也高，一般以40日龄以内的鸡多发。本病主要经呼吸道传染，病毒从呼吸道排毒，通过空气的飞沫传给易感鸡。也可通过被污染的饲料、饮水及饲养用具经消化道感染。本病一年四季均能发生，但以冬春季节多发。鸡群拥挤、过热、过冷，鸡舍通风不良、温度过低，鸡饲料缺乏维生素和矿物质，以及饲料供应不足或成分配比不当，均可促使本病的发生。

3)临床症状

潜伏期为1~7天，平均3天。由于病毒的血清型不同，鸡感染后出现不同的症状。

(1)呼吸型。常突然发病，出现呼吸道症状，并迅速波及全群。幼雏表现为伸颈、张口呼吸、咳嗽，有“咕噜”音，尤以夜间最清楚。病鸡精神萎靡，眼睛水肿、流泪，常用鸡爪挠眼睛，昏睡、怕冷，常拥挤在一起。两周龄以内的病雏鸡，还常见鼻窦肿胀，常甩头。产蛋鸡感染后产蛋量下降25%~50%，同时产软壳蛋、畸形蛋或沙壳蛋。

(2)肾型。感染肾型支气管炎病毒后其典型症状分3个阶段。第一阶段是病鸡表现轻微呼吸道症状，鸡被感染后24小时气管开始发出啰音、打喷嚏及咳嗽，并持续1~4天，这些呼吸道症状一般很轻微，有时只有在晚上安静的时候才听得比较清楚，因此常被忽视。第二阶段是病鸡表面康复，呼吸道症状消失，鸡群没有可见的异常表现。第三阶段是受感染鸡群突然发病，并于2~3天逐渐加剧。病鸡挤堆、厌食，排白色稀便，粪便中几乎全是尿酸盐。

(3)腺胃型传支。雏鸡发病在早期有明显的呼吸道症状，表现为喘气和呼吸困难。中后期呼吸困难症状不明显，病鸡拉黄色或绿色稀便，流泪，肿眼，肿眼严重者导致失明（多为一侧，极严重者为两侧）。成鸡发病多数无呼吸道症状，但流泪症状明显。病程缓慢，逐渐消瘦，采食减少，产蛋下降或停止，耐过鸡产蛋期产蛋性能降低。

4）剖检病变

（1）呼吸型。主要病变见于气管、支气管、鼻腔、肺等呼吸器官。表现为气管环出血，气管管腔中有黄色或黑黄色栓塞物（图6-17），肺脏水肿或出血。种鸡输卵管发育受阻，变细、变短或呈囊状。产蛋鸡的卵泡变形，甚至破裂，产软壳蛋、沙壳蛋（图6-18）。

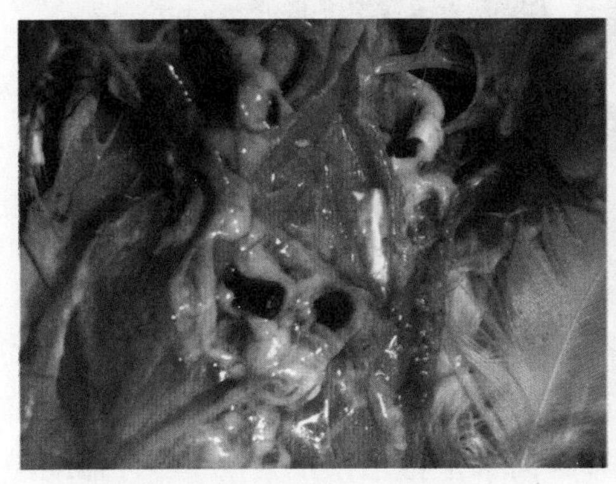

图6-17　支气管管腔中有黄色栓塞物

图6-18　产软壳蛋、沙壳蛋

（2）肾型。肾型传染性支气管炎时，可引起肾脏肿大，呈苍白色，肾小管充满尿酸盐结晶，扩张，外形呈白线网状，俗称“花斑肾”（图6-19）。

（3）腺胃型传支。病鸡气管内有大量黏液。典型变化在腺胃，发病初期肿大如小圆球，比正常略硬，剪开可见胃壁增厚，切开后自行外翻，严重的在腺胃与肌胃交界处出现溃疡（图6-20）。

5）诊断

根据流行特点、症状和病理变化，可做出初步诊断。进一步确诊则有赖于病毒分离与鉴定及其他实验室诊断方法。

6）防治

（1）预防。平时适时接种疫苗。加强饲养管理，降低饲养密度，避免鸡群拥挤，注意温度、湿度变化，避免过冷、过热。加强通风，防止有害气体刺激呼吸道。合理配比饲料，防止维生素，尤其是维生素A的缺乏，以增强

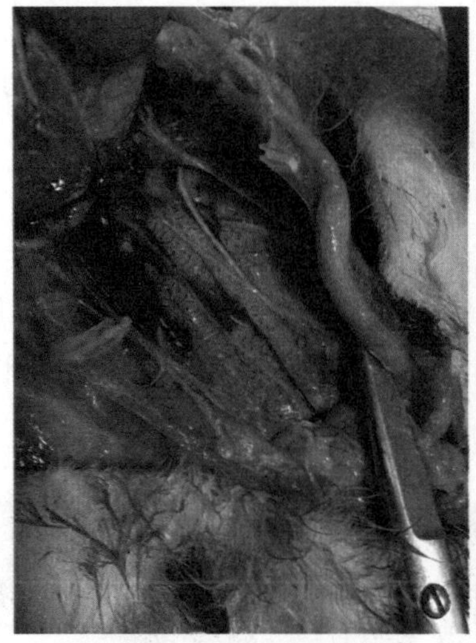

图6-19 花斑肾

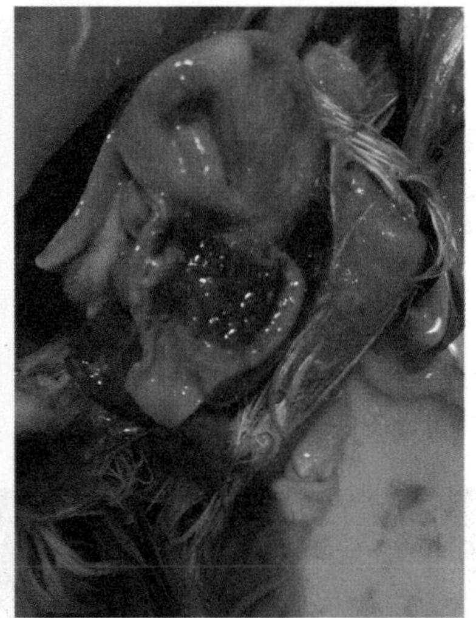

图6-20 腺胃与肌胃交界处的溃疡

机体的抵抗力。

(2)治疗。本病可采取对症治疗,采用化痰止咳、抗病毒中药和敏感抗生素联合饮水,疗效较好。另外,还可改善饲养管理条件,降低鸡群密度。对肾型传染性气管炎,发病后应降低饲料中蛋白质的含量,具有辅助治疗作用。

5.病毒性关节炎

病毒性关节炎是一种由呼肠孤病毒引起的鸡的重要传染病。病毒主要侵害关节滑膜、腱鞘和心肌,引起足部关节肿胀、腱鞘发炎,继而使腓肠腱断裂。病鸡关节肿胀、发炎,行动不便,不愿走动或跛行,采食困难,生长停滞。

1)病原

病毒性关节炎的病原为禽呼肠孤病毒,直径约为75毫米。禽病毒对热有一定的抵抗能力,能耐受60 ℃温度8~10小时。对乙醚不敏感,对2%来苏尔、3%福尔马林等均有抵抗力。用70%乙醇和0.5%有机碘可以灭活病毒。

2)流行特点

鸡呼肠孤病毒在鸡中的传播有两种方式:水平传播和垂直传播。病毒以关节腱鞘及消化道的含毒量较高。排毒主要是经过消化道。

3)临床症状

鸡表现跛行，部分鸡生长受阻;少数病鸡不能运动。病鸡食欲和活力减退,不愿走动,喜坐在关节上,驱赶时或勉强移动,但步态不稳，继而出现跛行或单脚跳跃。病鸡日渐消瘦,贫血,发育迟滞,少数逐渐衰竭而死。检查病鸡可见单侧或双侧跗关节肿胀(图6-21),有的趾关节也出血肿胀。

图6-21　跗关节肿胀

4)剖检病变

患鸡跗关节或趾关节上下周围肿胀，切开皮肤可见到关节上部腓肠腱水肿,滑膜内经常有充血或点状出血,关节腔内含有淡黄色或血样渗出物(图6-22),少数病例的渗出物为脓性(图6-23)。

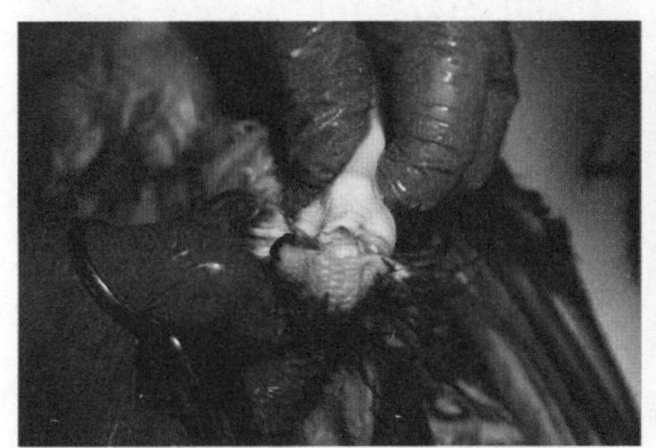

图6-22　跗关节肿胀,内含黄色渗出液

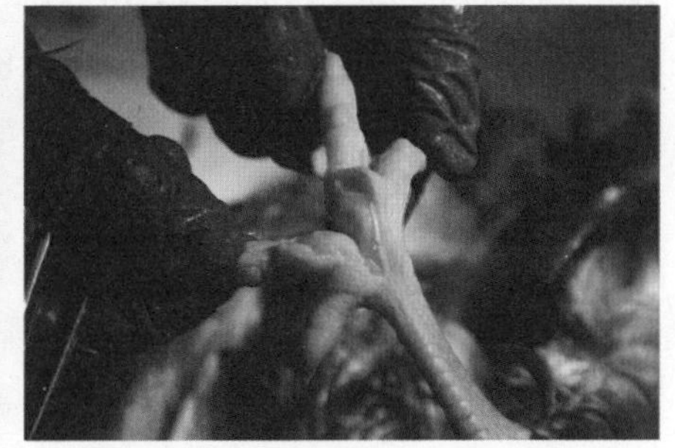

图6-23　趾关节肿胀,内含脓性渗出物

5)诊断

病毒性关节炎的初期诊断较为困难,关节肿胀与沙门氏杆菌病、大肠杆菌病和葡萄球菌病等引起的症状不易区分,同时也极易与这些病菌混合感染。因此,对此病的诊断,一般是根据症状及流行特点做出初步诊断,再根据病原学及血清学方法进行确诊。

6)防治

(1)预防。预防接种是目前条件下防止鸡病毒性关节炎的最有效方法。无母源抗体的雏鸡,可在6~8日龄用活苗首免。种鸡在8周龄时再用活苗加强免疫，在开产前2~3周注射灭活苗，可使下代雏鸡在3周内不受感染。

（2）治疗：对该病目前尚无有效的治疗方法，加强卫生管理及鸡舍的定期消毒。采用全进全出的饲养方式，可以防止由上批感染鸡留下的病毒的感染。由于患病鸡长时间不断向外排毒，是重要的感染源，因此，对患病鸡要坚决淘汰。

6.禽痘

禽痘是由禽痘病毒引起的禽类的一种接触传染性疾病，分为皮肤型和黏膜型。

1）病原

禽痘病毒为痘病毒科禽痘病毒属，病毒可在感染细胞的胞质中增殖并形成包涵体。病毒大量存在于病禽的皮肤和黏膜病灶中，病毒对外界自然因素抵抗力相当强，上皮细胞屑片和痘结节中的病毒可抗干燥数年之久，阳光照射数周仍可保持活力，-15 ℃下保存多年仍有致病性。病毒对乙醚有抵抗力，在1%酚或1:1 000福尔马林中可存活9天，1%氢氧化钾溶液可使其灭活。50 ℃ 30分钟或60 ℃ 8分钟可将病毒灭活。在腐败环境中，病毒很快死亡。

2）流行特点

各种年龄、性别和品种的鸡都能感染，雏鸡发病时死亡较多。本病一年四季中都能发生，秋冬两季最易流行，一般在夏秋季发生皮肤型鸡痘较多，在冬季则以黏膜型（白喉型）鸡痘为多。病鸡脱落和破散的痘痂，是散布病毒的主要形式。它主要通过皮肤或黏膜的伤口感染，不能经健康皮肤感染，亦不能经口感染。蚊虫吸吮过病灶部的血液之后即带毒，易感染鸡经带毒的蚊虫刺吮后而传染，这是夏秋季节流行鸡痘的主要传播途径。

3）临床症状

皮肤型鸡痘的特征是在身体的无羽毛部位，如冠、肉垂、嘴角、眼皮、耳球和腿、脚、泄殖腔及翅的内侧等部位形成一种特殊的痘疹。痘疹表面凹凸不平，结节坚硬而干燥，有时结节的数目很多，可互相联结而融合，产生大的痂块。

黏膜型鸡痘多发生于口腔、咽部、喉部、鼻腔、气管及支气管，病鸡表现为精神委顿、厌食,眼和鼻孔流出的液体初为浆液黏性,以后变为淡黄色的脓液。时间稍长,若波及眶下窦和眼结膜,则眼睑肿胀,结膜充满脓性或纤维蛋白性渗出物。

有些病禽皮肤、口腔和咽喉黏膜同时受到侵害和发生痘斑,称为混合型。

4)剖检病变

皮肤型鸡痘的特征性病变是局部表皮及其下层的毛囊上皮增生,形成结节。

黏膜型禽痘,其病变出现在口腔、鼻、咽、喉、眼或气管黏膜上。发病初期只见黏膜表面出现稍微隆起的白色结节(图6–24);后期连成片,并形成干酪样假膜,可以剥离(图6–25)。

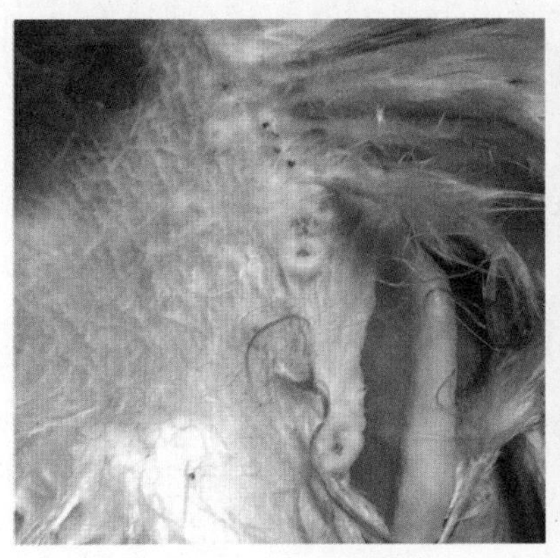

图6–24　皮肤禽痘结节

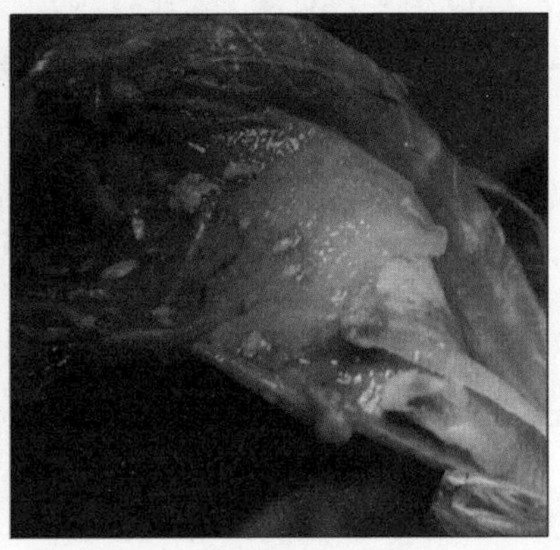

图6–25　咽喉黄色干酪样假膜

5)诊断

根据发病情况,病鸡的冠、肉髯和其他无毛部分的结痂病灶,以及口腔和咽喉部的白喉样假膜就可做出初步诊断,确诊则有赖于实验室检查。类似病症的鉴别诊断如下:

(1)白念珠菌和毛滴虫。这两种病与黏膜型禽痘引起的口腔黏膜病变相似,但形成的假膜附着程度有很大差异。白念珠菌、毛滴虫的感染,病变是较松脆的干酪样物,容易剥离,且剥离后不留痕迹。

(2)传染性喉气管炎、传染性鼻炎。这两种病剖检时喉头、气管黏膜上无痘疹,未形成假膜。黏膜型鸡痘最易与传染性鼻炎相混淆,传染性鼻炎发作时上下眼睑肿胀明显，用磺胺类药物治疗有效。

6)防治

(1)预防。预防本病最有效的方法是接种禽痘疫苗。

(2)治疗。大群治疗可在饮水中添加抗病毒口服液，外加敏感抗菌药控制继发感染，连用5~7天。同时在饲料中增加多维，其剂量应是正常量的3倍，这将有利于促进组织和黏膜的新生，促进采食，提高机体的抗病能力。有症状的挑出来对症治疗，皮肤、咽喉黏膜上的病灶可用镊子小心剥离，用消毒剂如0.1%高锰酸钾溶液冲洗后，在伤口处涂上碘酊、甲紫或石炭酸凡士林。

7.传染性喉气管炎

传染性喉气管炎是引起鸡的一种急性呼吸道传染病。其特征性临床症状表现为呼吸困难、咳嗽、气喘，并咳出带血的分泌物；剖检病变为喉头和气管黏膜肿胀、糜烂、坏死和大面积出血。

1)病原

传染性喉气管炎病毒是疱疹病毒科的一个成员，病毒大量存在于病鸡的气管组织及其渗出物中。肝、脾和血液中较少见。本病毒抵抗力很弱，对一般消毒剂都很敏感。

2)流行特点

本病主要侵害鸡，各种龄期及品种的鸡均可感染，但以育成鸡和成年产蛋鸡多发，发病症状也最典型；该病主要通过呼吸道及眼内感染，也可经消化道感染。康复鸡的带毒和排毒可成为易感鸡群发生本病的主要传染来源，有些接种疫苗的鸡可在较长时间内排毒。本病一旦在鸡群中发病，传播速度较快，2~3天可波及全群。

3)临床症状

病鸡表现为咳嗽、喘气、流鼻涕和呼吸时发出湿性啰音。病鸡可见伸颈张口呼吸(图6–26)，闭眼呈痛苦状，身体就随着一呼一吸而呈波浪式的起伏，并发出响亮的喘鸣声，夜晚在鸡舍旁边可明显听到“吹笛声”；病鸡有的甩头，有的伴随剧烈咳嗽，咳出带血的黏液或血凝块挂在嘴角附近(图6–27)或咳到其他鸡身上，当鸡受到惊扰时咳嗽更加明显。

4)剖检病变

本病主要的病理变化集中在喉头和气管。口腔内有血液和黏液，鼻

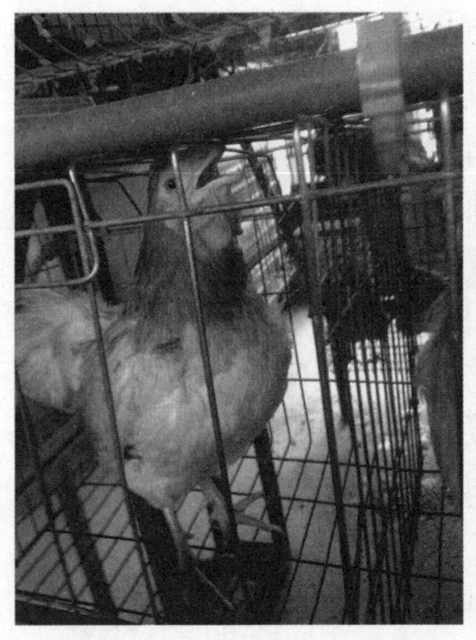

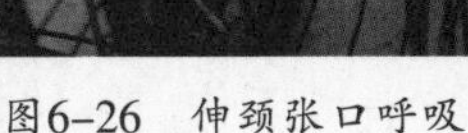

图6-26　伸颈张口呼吸

图6-27　嘴角有血迹

腔、鼻窦有黏液性、化脓性或纤维素性蛋白渗出物。喉部和气管充血、出血，充满黏液，混有血块（图6-28）。气管内有干酪样物质，有的呈灰黄色附着于喉头周围，很难从黏膜处剥脱，堵塞喉腔，特别是堵塞喉裂部（图6-29）。

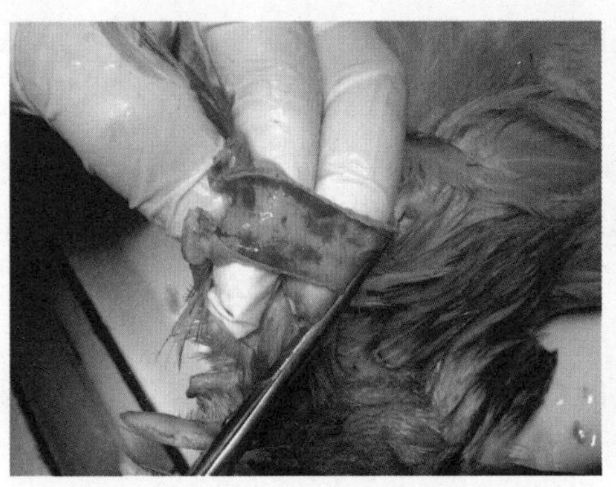

图6-28　气管内有血块

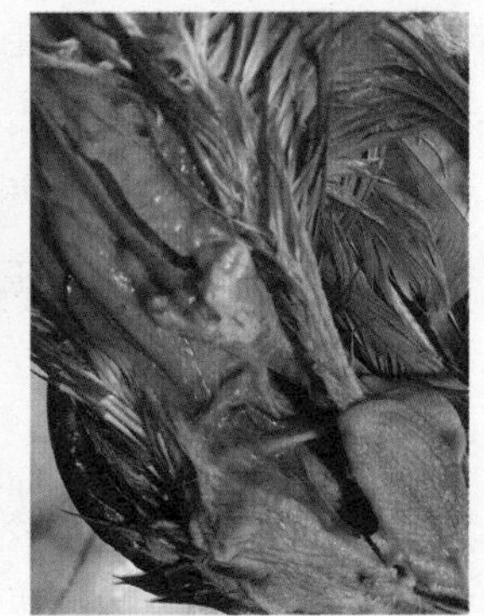

图6-29　喉头有黄色干酪样物堵塞

5)诊断

根据流行病学、临床症状和剖检病理变化可做出初步诊断，急性病例常有特征性症状，如张口呼吸、喘气、啰音、阵咳、咳出带血黏液，部分发生死亡。出血性气管炎是典型病变。必要时做实验室检查。类症鉴别：

(1)传染性支气管炎。病鸡打喷嚏,咳嗽,甩头,聚堆,呼吸时有呼噜声,重者呈犬坐姿势。剖检可见气管内黏稠液呈干酪样,支气管见炎症和水肿,肝稍肿,呈土黄色,肾肿大苍白,肾小管充满尿酸盐。

(2)鸡新城疫。病鸡倒提从口中流出酸臭液体,出现神经症状,剖检可见其腺胃出血。

(3)禽流感。病鸡趾鳞有出血点,抽搐。剖检可见腺胃黏膜、肌胃角膜下层、腺胃乳头、胸部肌肉、腹部脂肪、心冠脂肪有散在出血点。

(4)鸡慢性呼吸道病。病鸡打喷嚏,一侧或两侧眶下窦发炎肿胀。剖检鼻孔、鼻窦、气管、肺有较多黏性浆性分泌物,抗菌药治疗有效。

6)防治

一般情况下,从未发生本病的鸡场不接种疫苗。鸡群一旦发病,应及时隔离、淘汰病鸡,降低鸡群密度,做好清洁消毒工作,因为本病目前没有特效药物治疗。根据鸡群健康情况给予抗生素防止继发感染。

(1)预防。一般情况下,从未发生本病的鸡场不接种疫苗。鸡传染性喉气管炎弱毒苗给鸡群免疫时,首免在50日龄左右,二免在首免后6周进行。免疫可用滴鼻、点眼或饮水方法。

(2)治疗。可对症治疗,缓解呼吸困难症状,使用抗病毒药配合化痰止咳、敏感抗菌药一起饮水,连饮5天。

8.禽腺病毒病

禽腺病毒病是由禽腺病毒引起的一种禽类传染性疾病,主要感染肉鸡、肉种鸡和蛋鸡,感染鸡主要特征为心包积液、包涵体肝炎及肌胃糜烂等病变。

1)病原

禽腺病毒是一种无囊膜的双股DNA病毒,可分为Ⅰ、Ⅱ、Ⅲ3个亚群,造成鸡感染发病的主要是禽腺病毒I群的FAdV-4,FAdV-11和FAdV-8b也有报道。

2)流行特点

本病感染谱极广,除感染鸡外,鸭、鹅、鸽子等禽类均可感染。本病可垂直传播,也可水平传播。不同日龄的鸡均可感染,主要危害3~6周龄的肉鸡,鸡感染后可成为终身带毒者,并可间歇性排毒。病程8~15天,死亡率在20~80%,一般在30%左右。本病一年四季均可发生,季节变换和潮湿多雨的环境易诱发本病。

3)临床症状

潜伏期短、发病快。其特征是无明显先兆而突然倒地,精神沉郁,站立不稳,羽毛松乱,呼吸困难,张口呼吸,腹泻,排黄白色或铜绿色稀粪,有神经症状,两腿划空,数分钟内死亡。

4)剖检病变

心包积液是本病特征性病变,剖检可见心包内有大量黄色渗出液,有时呈胶冻状(图6-30);肝脏肿胀、充血、出血、边缘钝圆、质地变脆,有的可见坏死斑(图6-31)。腺胃与肌胃交界处出血(图6-32)。肾脏肿大,常有白色尿酸盐沉积(图6-33)。镜检可见肝细胞肿大,内含圆形的核内包涵体。

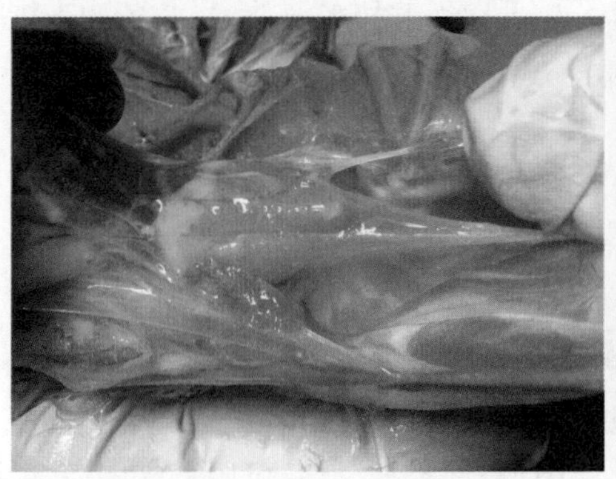

图6-30 心包内有黄色果冻样积液

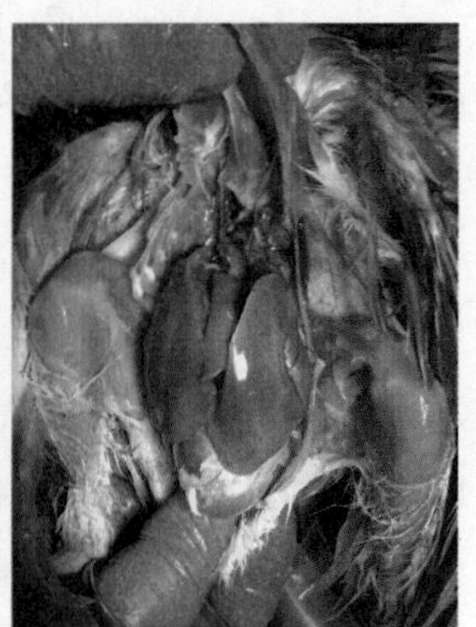

图6-31 肝脏肿胀、出血、质地变脆

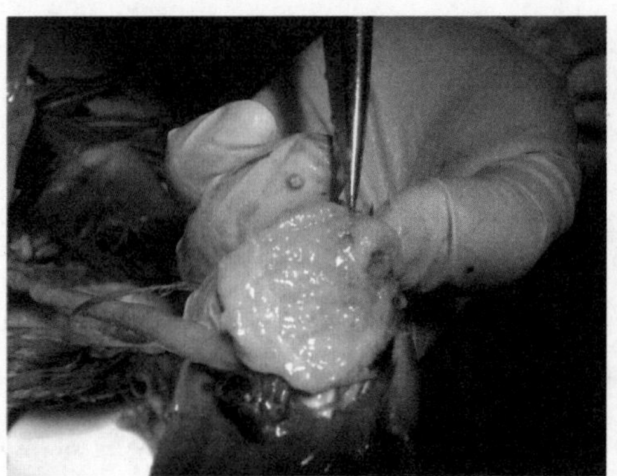

图6-32 腺胃与肌胃交界处出血

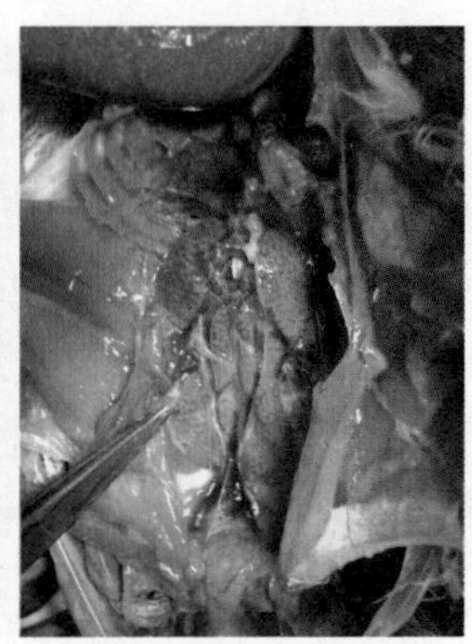

图6-33 肾脏肿大

5)诊断

根据临床症状和病理变化,可做出初步诊断,确诊需进行实验室PCR(聚合酶链式反应)鉴定。

6)防治

(1)预防。加强生物安全措施:在引种时防止引入禽腺病毒;养殖场应按规范进行清洗、消毒;降低密度,增大通风,吸附霉菌及毒素,提高机体免疫力。

疫苗预防:有针对性地接种禽腺病毒疫苗,常用疫苗有新支流腺油乳剂苗。

(2)治疗。治疗思路为抗病毒,保肝通肾,强心利尿,控制继发感染。鸡群确诊感染后,可注射Ⅰ群禽腺病毒抗体治疗,根据鸡的体重大小注射剂量为每只1.5~2毫升;使用保肝通肾药来利水消肿、强心药物来维持心脏功能;通过药敏试验筛选敏感抗菌药防治细菌继发感染。

9.鸡马立克病

鸡马立克病是由疱疹病毒引起的一种淋巴组织增生性疾病,其特征是病鸡的外周神经、性腺、虹膜、各种脏器、肌肉和皮肤等部位的单核细胞浸润和形成肿瘤病灶。

1)病原

马立克病病毒属于细胞结合性疱疹病毒B群。病毒有囊膜的完整病毒粒子主要见于羽毛囊角化层中,非细胞结合性,可脱离细胞而存在,对外界环境抵抗力强,在本病的传播方面起重要作用。

2)流行特点

本病最易发生在2~5月龄的鸡。主要通过直接或间接接触经空气传播。绝大多数鸡在生命的早期吸入有传染性的皮屑、尘埃和羽毛引起鸡群的严重感染。带毒鸡舍的工作人员的衣服、鞋靴及鸡笼、车辆都可成为该病的传播媒介。发病率和病死率差异很大,可由10%以下到50%~60%。

3)临床症状

据症状和病变发生的主要部位,本病在临床上分为4种类型:神经型(古典型)、内脏型(急性型)、眼型和皮肤型。有时可以混合发生。

(1)神经型(古典型)。主要侵害外周神经,侵害坐骨神经最为常见。病鸡步态不稳,发生不完全麻痹;后期则完全麻痹,不能站立,呈一腿伸向前方而另一腿伸向后方的特征性姿态(图6–34)。

图6–34　两腿前后分开，呈劈叉状

(2)内脏型(急性型)。多呈急性暴发，常见于幼龄鸡群，开始以大批鸡精神委顿为主要特征，几天后部分病鸡出现共济失调，随后出现单侧或双侧肢体麻痹。部分病鸡死前无特征临床症状，很多病鸡表现为脱水、消瘦和昏迷。

(3)眼型。出现于单眼或双眼，视力减退或消失。虹膜失去正常色素，呈同心环状或斑点状以致弥漫的灰白色。瞳孔边缘不整齐，到严重阶段时瞳孔只剩下一个针头大的小孔。

(4)皮肤型。此型一般缺乏明显的临诊症状，往往在宰后拔毛时发现羽毛囊增大，形成淡白色小结节或瘤状物。此种病变常见于大腿部、颈部及躯干背面生长粗大羽毛的部位。

4)剖检病变

病鸡最常见的病变表现在外周神经，受害神经增粗，呈黄白色或灰白色，横纹消失，有时呈水肿样外观。病变往往只侵害单侧神经，诊断时多与另一侧神经做比较。内脏器官中以卵巢的受害最为常见，长出大小不等的肿瘤块，呈灰白色，质地坚硬而致密(图6–35)。有时肿瘤组织在受害器官中呈弥漫性增生，整个器官变得很大，如肝脏肿瘤(图6–36)。皮肤病变有炎症性和肿瘤性的，位于受害羽囊的周围。

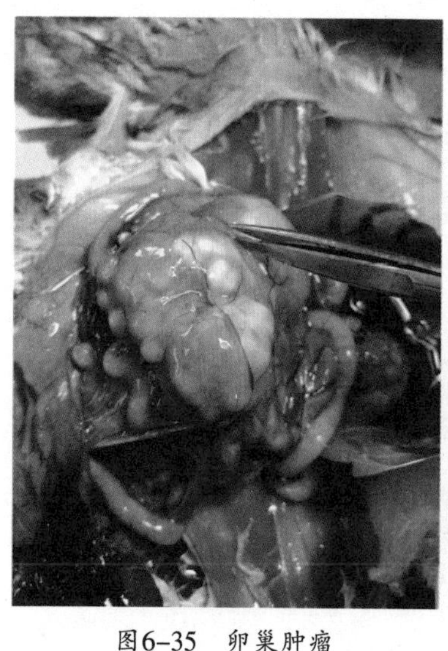
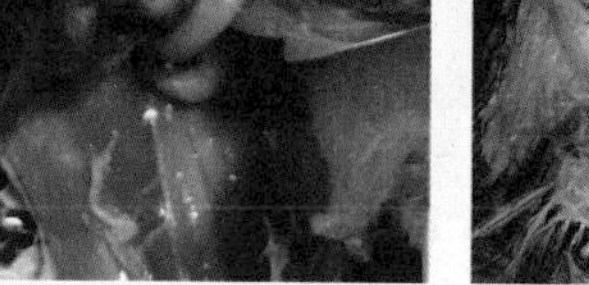

图6-35 卵巢肿瘤

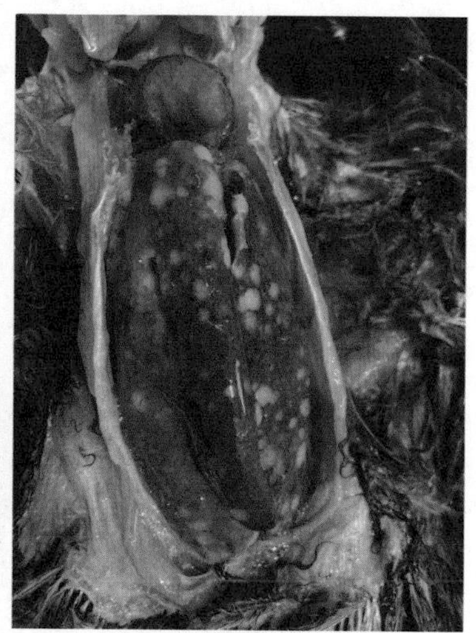

图6-36 肝脏肿瘤

5)诊断

鸡马立克病常与淋巴白血病(LL)或网状内皮增生症(RE)混淆,应注意鉴别诊断。

6)防治

(1)预防。疫苗接种是防制本病的关键。疫苗接种应在1日龄进行。在进行疫苗接种的同时,鸡群要封闭饲养,尤其是育雏期间应搞好封闭隔离,可减少本病的发病率。

(2)治疗。该病无药物治疗意义,出现禽白血病症状的鸡应及时淘汰,添加黄芪多糖等提高抵抗力和预防细菌继发感染的敏感药物。

10.鸡白血病

鸡白血病是禽白血病肉瘤病毒群中的病毒引起的鸡多种肿瘤性疾病的统称,有淋巴白血病、成红细胞白血病、成髓细胞白血病、骨髓细胞瘤、骨石症等,其中较常见的是淋巴细胞白血病。

1)病原

鸡白血病病毒属于反录病毒科, 分为A、B、C、D、E 5个亚群,A和B亚群的病毒是现场常见的外源性病毒,C和D亚群的病毒在现场很少发现,而E亚群病毒则包括无所不在的内源性白血病病毒,致病力低。

本病毒群对热的抵抗力弱,在-20 ℃以上很快失活。对脂溶剂和去污剂敏感。

2)流行特点

鸡是本病毒的自然宿主,4~8周龄感染后发病率与死亡率很低，多发于18周龄以上。该病毒主要是经种蛋垂直传播,感染的母鸡终生或间歇排毒,通过种蛋传给小鸡。J型鸡白血病病毒主要引起肉鸡的肿瘤及其他疾病,严重影响肉鸡业的发展。

3)临床症状

实际生产中多发生的主要是淋巴白血病和骨髓细胞瘤病，基本症状是进行性消瘦。

(1)淋巴白血病。多发于成年母鸡,病鸡消瘦,虚弱鸡冠苍白。腹部肿大,常可触摸到肿大的肝。肠系膜受侵可出现腹水。肝肿大,可增大5~10倍,法氏囊、脾、肾等均肿大,在这些器官内可见有大小不一的肿瘤。患淋巴白血病鸡产蛋性能下降,蛋小壳薄,受精率、孵化率下降,育成鸡推迟产蛋。肉鸡则影响生长速度。

(2)骨髓细胞瘤病。散发于成年鸡,以髓细胞增生在胸骨、肋骨、肋软骨、骨盆等处形成黄白色肿瘤为病理特征。骨石化,散发,两肢跖骨骨干中部呈不对称增粗。

4)剖检病变

肿瘤主要见于肝、脾。肿瘤外观柔软、平滑、有光泽,呈灰白色或淡灰黄色,从针头大到鸡蛋大。按肿瘤的形态可分成结节型、粟粒型、弥漫型。弥漫型病例的肝脏比正常的鸡的肝脏大好几倍,灰白色,呈大理石样外观特征,俗称“大肝病”(图6–37),脾脏的变化与肝相同(图6–38)。严重病鸡剖检时,打开腹腔,可见各个内脏器官广泛发生病变,甚至互相粘连,无法分开(图6–39、图6–40)。

5)诊断

根据流行病学、发病情况和病理剖检变化可基本上做出初步诊断。另外,还应与马立克病做出鉴别。对于肉种鸡场,通过禽白血病净化技术建立无白血病的鸡群,是必须要做的工作。

6)防治

(1)预防。本病既无疫苗预防,又无药物治疗,患白血病的病鸡没有治疗价值,应予以淘汰,应着重做好疫病预防工作。鸡群中的病鸡和可疑病

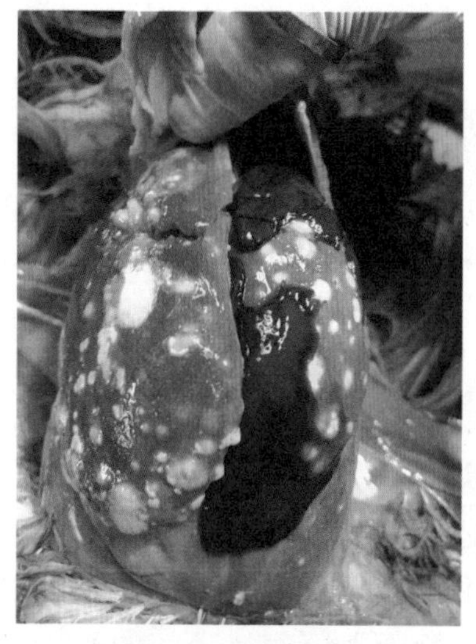

图6-37 肝脏肿瘤

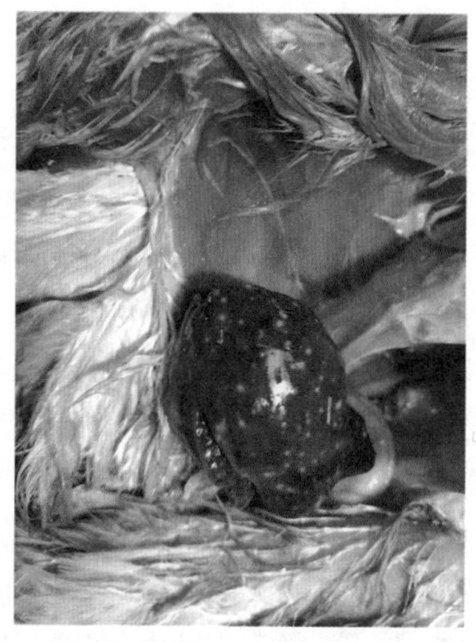

图6-38 脾脏肿瘤

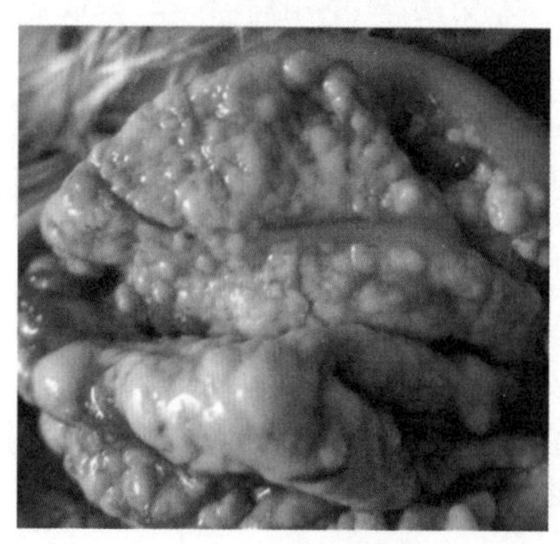

图6-39 肠系膜肿瘤

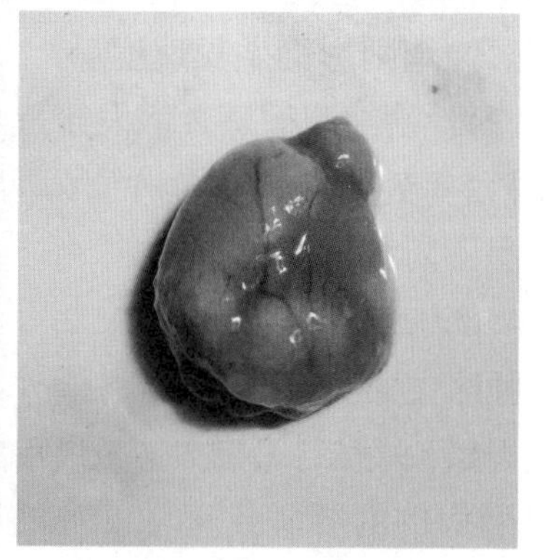

图6-40 心脏肿瘤

鸡，必须及时检出淘汰。孵化用的种蛋和留种用的种鸡，必须从无白血病的鸡场引进。孵化用具要彻底消毒。幼鸡对白血病易感，必须与成年鸡隔离饲养。通过严格的隔离、净化和消毒措施，逐步建立无白血病的种鸡群。

（2）治疗。该病无药物治疗意义，出现禽白血病症状的鸡及时淘汰，添加黄芪多糖等提高抵抗力和预防细菌继发感染的敏感药物。

二 细菌性传染病

1.鸡沙门菌病

鸡沙门菌病是一个概括性术语，指由沙门菌属中的任何一个或多个成员所引起禽类的一大群急性或慢性疾病。本属中两种为宿主特异的，不能运动的成员–鸡白痢沙门菌和鸡沙门菌分别为鸡白痢和禽伤寒的病原。副伤寒沙门菌能运动，常常感染或在肠道定居鸡群的感染非常普遍。但很少发展成急性全身性感染，只有处在应激条件下的幼鸡除外。诱发鸡副伤寒的沙门菌能广泛地感染各种动物和人类，因此在公共卫生上有重要性。

1）鸡白痢

鸡白痢是由鸡白痢沙门菌引起的鸡的传染病。本病特征为幼雏感染后常呈急性败血症，发病率和死亡率都高；成年鸡感染后，多呈慢性或隐性带菌，可随粪便排出，因卵巢带菌，严重影响产蛋。

（1）病原。鸡白痢沙门菌为两端稍圆的细长杆菌[（0.3~0.5）微米×（1~2.5）微米]，对一般碱性苯胺染料着色良好，革兰阴性。细菌常单个存在，很少见到两菌以上的长链。在普通琼脂、麦康凯培养基上生长，形成圆形、光滑、无色呈半透明、露珠样的小菌落。在外界环境中有一定的抵抗力，常用消毒药可将其杀死。

（2）流行特点。各种品种的鸡对本病均有易感性，以2~3周龄雏鸡的发病率与病死率为最高，呈流行性。随着日龄的增加，鸡的抵抗力也增强。成年鸡感染常呈慢性或隐性经过。以前存在本病的鸡场，雏鸡的发病率在20%~40%，新发病的鸡场相比老疫场发病率和病死率显著高。本病可经蛋垂直传播，也可水平传播。

（3）临床症状。本病在雏鸡和成年鸡中所表现的症状和经过有显著的差异。

雏鸡多在孵出后几天才出现明显症状。最急性者，无症状即迅速死亡。稍缓者表现为精神委顿，绒毛松乱，闭眼昏睡，不愿走动，拥挤在一起。腹泻，排稀薄如糨糊状粪便，肛门周围的绒毛被粪便污染，有的因粪便干结封住肛门周围，影响排粪。由于肛门周围炎症引起疼痛，故常发出尖锐的叫声。病程短的只有1天，一般为4~7天，20天以上的雏鸡病程较长。3周龄以上发病的极少死亡。耐过鸡生长发育不良，成为慢性患者或带菌者。

育成鸡和成年鸡白痢多呈慢性经过或隐性感染。一般不见明显的临床症状，肉种鸡感染时，可明显影响产蛋量，产蛋高峰不高，维持时间亦短，死淘率增高。有的鸡表现为鸡冠萎缩发白、发绀。病鸡有时下痢，排白色稀粪，产卵停止。有的感染鸡因卵黄囊炎引起腹膜炎，腹膜增生而呈"垂腹"现象。

（4）病理变化。

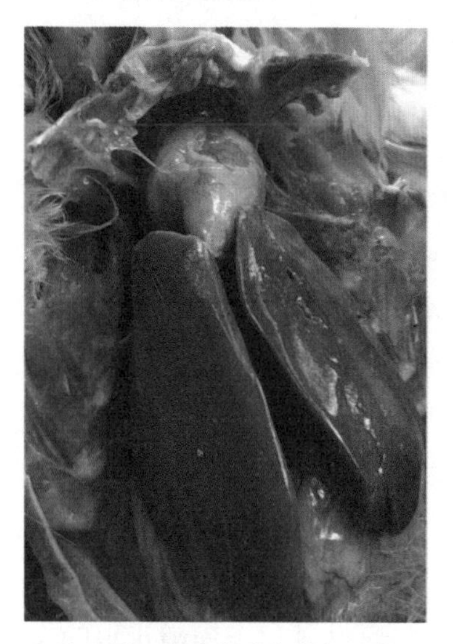
图6-41　肝脏上的白色坏死点

①雏鸡：肝肿大，充血或有条纹状出血；卵黄吸收不良，其内容物色黄如油脂状或干酪样；肝或有点状出血及坏死点（图6-41），输尿管因充满尿酸盐而扩张，盲肠中有干酪样物堵塞肠腔，有时还混有血液。

②成年鸡：慢性带菌的母鸡的最常见病变为卵子变形、变色、质地改变，有腹膜炎，伴以急性或慢性心包炎。

（5）诊断。依据本病在不同年龄鸡群中发生的特点及病死鸡的主要病理变化可初步诊断，确诊需要进行细菌分离和鉴定。

（6）防治。

①预防：在雏鸡开食之日起，在饲料或饮水中添加抗菌药物（开口药），连用3~4天。进行鸡白痢净化，挑选健康种鸡、种蛋，建立健康鸡群，坚持自繁自养。每年春秋两季对种鸡定期用血清凝集试验全面检疫及不定期抽查检疫。对于40天以上的中雏也可进行检疫，淘汰阳性鸡及可疑鸡。在有病鸡群，应每隔2~4周检疫一次，经3~4次后一般可把带菌鸡全部检出淘汰，但有时也须反复多次才能检出。同时，必须执行严格的卫生、消毒和隔离制度。

②治疗：鸡白痢病的治疗要突出一个"早"字，一旦发现鸡群中病死鸡增多，确诊后立即全群给予敏感抗菌药，用药应防止长时间使用同一种

药物，更不要一味加大药物剂量来达到防治目的。应该考虑到有效药物可以在一定时间内交替、轮换使用，药物剂量要合理，防治要有一定的疗程。

2）禽伤寒

禽伤寒（typhus aviam，TA）是由鸡伤寒沙门菌引起青年鸡、成年鸡的一种急性或慢性传染病，以肝肿大且呈青铜色和下痢为特征。

（1）病原。本病病原为鸡伤寒沙门菌（或称鸡沙门菌），为较短而粗的杆状，长为1.0~2.0微米，直径约1.5微米。本菌抵抗力较差，60 ℃ 10分钟内即被杀死。0.1%浓度的石炭酸、0.01%的升汞、1%的高锰酸钾都能在3分钟内将其杀死，2%的福尔马林可在1分钟内将其杀死。

（2）流行特点。主要发生于成年鸡和3周龄以上的青年鸡，3周龄以下的鸡偶尔可发病。潜伏期为4~5天，病程大约为5天。病鸡和带菌鸡，其粪便内含有大量病菌，可污染土壤、饲料饮水、用具、车辆等。本病主要通过消化道和眼结膜而传播感染，也可经蛋垂直传播给下一代。本病一般呈散发性，较少呈全群暴发。

（3）临床症状。虽然禽伤寒较常见于生长中的鸡和成年鸡，但也可通过蛋传播在雏鸡与雏火鸡中暴发。在雏鸡与雏火鸡中见到的症状与鸡白痢相似。青年鸡与成年鸡暴发急性禽伤寒时，最初表现为饲料消耗量突然下降、鸡的精神萎靡、羽毛松乱、头部苍白、鸡冠萎缩。感染后的2~3天，体温上升1~3 ℃，并一直持续到死前的数小时。感染后4天内出现死亡。

（4）剖检病变。在亚急性及慢性病例，特征病变是肝肿大且呈青铜色（图6–42）。

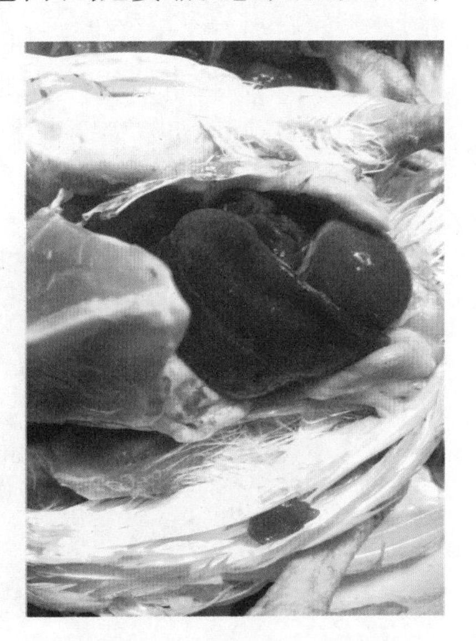

图6–42　肝肿大且呈青铜色

（5）诊断。依据病死鸡的主要病理变化可初步诊断，确诊需要进行细菌分离和鉴定。

（6）防治。

①预防：雏鸡应该引自无鸡白痢和禽伤寒的鸡场。执行严格的卫生、消毒和隔离制度，同时最大限度地减少外源沙门菌的传入。

②治疗:通过药敏试验筛选敏感药物,交替、轮换使用,防止长时间使用一种药物,更不要一味加大药物的剂量来达到防治目的。

3)禽副伤寒

由除鸡白痢和鸡伤寒沙门菌以外有鞭毛能运动的沙门菌引起的禽类疾病统称为禽副伤寒。诱发禽副伤寒的沙门菌能广泛地感染各种动物和人类,因此在公共卫生上有重要性。

(1)病原。均有鞭毛,包括鼠伤寒沙门菌、海德堡沙门菌和鸭沙门菌等,常常是人类沙门氏菌感染和食物中毒的来源。

(2)流行特点。各种禽类均易感,以鸡和火鸡最常见。一般2周内感染发病,6~10天达最高峰。呈地方性流行,病死率为10%~20%,严重高达80%及以上。成年禽往往不表现临诊症状。

(3)临床症状。10日龄以后的雏鸡感染副伤寒的症状表现为进行时的嗜睡状态,精神差,头翅下垂,怕冷,扎堆,闭眼,羽毛蓬乱,不食,饮水增加,拉水样稀粪,肛门周围的羽毛被粪便污染,呼吸症状不明显,后期流泪,有时呈脓性结膜炎而引起眼睑粘连、头部肿胀。

(4)剖检病变。可见到病鸡消瘦、脱水、卵黄凝固,肝脾肿大、淤血,有暗红与黄白相间的出血条纹或针尖大的出血点,并有白色点状的坏死灶(图6–43)。有时肝脏表面附有纤维素性渗出物。肺部和肾充血、出血。心包粘连,心包内有多量纤维素性渗出物。肠道有出血性炎症,十二指肠最严重。成年鸡慢性带菌的,可见肝、脾、肾充血,肿胀,有出血性或坏死性肠炎、心包炎、腹膜炎。输卵管增生变厚,卵泡异常,卵巢坏死、化脓,最终导致腹膜炎。

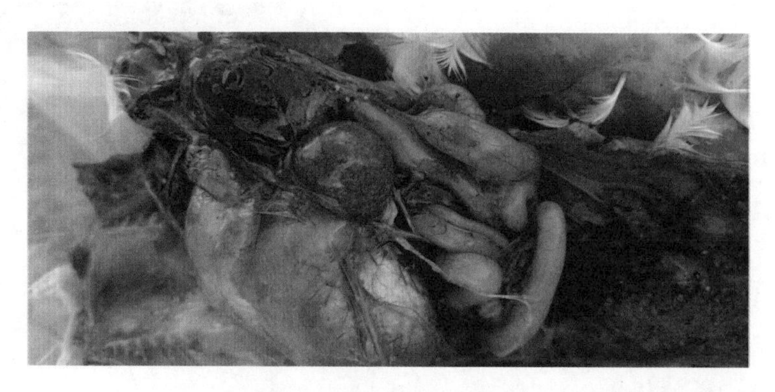

图6–43 脾肿大且有坏死灶

(5)诊断。见表6-1。

表6-1 鸡白痢、鸡伤寒、鸡副伤寒的鉴别诊断

鉴别依据	鸡白痢	鸡伤寒	鸡副伤寒
发病周龄	3周龄内多发,死亡高峰2～3周龄	3周龄以上多发,雏鸡死亡率高	3周龄内多发
主要症状	排白色稀粪,易堵塞肛门;畏寒、扎堆、呻吟;缩头闭眼,口渴	排黄绿色稀粪,精神萎靡,冠髯苍白,饮欲增加	排水样稀粪,畏寒、扎堆,口渴、结膜炎、流泪
剖检变化	肝有白色坏死灶和条状出血;卵黄吸收不良,外呈黄绿色;盲肠膨大,内有白色干酪样凝固物	肝肿大2～3倍且呈青铜色,脾肿大,胆囊胀满,充满胆汁,肝有白色坏死灶;心包积液	肝脾肿大、淤血,肝表面有纤维素性渗出物,胆囊膨大,卵黄吸收不良,心包粘连、发炎

(6)防治。预防和治疗同鸡白痢和鸡伤寒。

2.大肠杆菌病

大肠杆菌病是由大肠埃希菌的某些致病性血清型菌株引起的疾病总称。

1)病原学

大肠埃希菌是中等大小杆菌,其大小为(1~3)微米×(0.5~0.7)微米,有鞭毛,无芽孢,有的菌株可形成荚膜,革兰染色阴性,需氧或兼性厌氧,生化反应活泼、易于在普通培养基上增殖,适应性强。本菌对一般消毒剂敏感,对抗生素及磺胺类药等极易产生耐药性。

2)流行病学

大肠杆菌在鸡场普遍存在,特别是通风不良、大量积粪的鸡舍,在垫料、空气尘埃、污染用具和道路、粪场及孵化厅等处环境中染菌最高。

大肠杆菌随粪便排出,并可污染蛋壳或从感染的卵巢、输卵管等处侵入卵内,在孵育过程中,使鸡胚死亡或出壳发病和带菌,是该病传播过程中的重要途径。带菌鸡以水平方式传染健康鸡,消化道、呼吸道为常见的传染门户,交配或污染的输精管等也可经生殖道造成传染。啮齿动物的粪便常含有致病性大肠杆菌,可污染饲料、饮水而造成传染。

本病主要发生在密集化养鸡场,各种鸡类不分品种、性别、日龄均对

本菌易感。特别是幼龄鸡类发病最多，如污秽、拥挤、潮湿通风不良的环境，过冷过热或温差很大的气候，有毒有害气体（氨气或硫化氢等）长期存在，饲养管理失调，营养不良（特别是维生素的缺乏）及病原微生物（如支原体及病毒）感染所造成的应激等均可促进本病的发生。

3）临床症状

（1）鸡胚和雏鸡早期死亡。鸡胚死亡发生在孵化过程，特别是孵化后期。病雏突然死亡或表现为软弱、发抖、昏睡、腹胀、畏寒聚集、下痢（白色或黄绿色）。

（2）气囊炎、心包炎和肝周炎。气囊病主要发生于3~8周龄的肉仔鸡。病鸡表现沉郁，呼吸困难，有啰音和打喷嚏等症状。

（3）坠卵性腹膜炎及输卵管炎。多呈慢性经过，母鸡减产或停产，呈直立企鹅姿势，腹下垂、恋巢、消瘦、死亡。

（4）关节炎及滑膜炎。表现为关节肿大。

（5）眼球炎。多为一侧性，少数为双侧性。病初羞明、流泪、红眼，随后眼睑肿胀突起。病鸡减食或废食，经7~10天衰竭死亡。

4）剖检病变

（1）鸡胚和雏鸡早期死亡。该病型主要通过垂直传染。死亡鸡胚卵黄呈干酪样或黄棕色水样物质，卵黄膜增厚。病雏除有卵黄囊病变外，多数发生脐炎、心包炎及肠炎。感染鸡可能不死，常表现为卵黄吸收不良及生长发育受阻。

（2）气囊炎、心包炎和肝周炎。气囊壁增厚、混浊，并伴有纤维素性心包炎、肝周炎和腹膜炎等。心外膜水肿，心包膜内充满淡黄色纤维素性渗出物。肝和腹膜表面覆盖有纤维素样渗出物（图6–44）。

（3）坠卵性腹膜炎及输卵管炎。常通过交配或人工授精时感染，并伴发卵巢炎、子宫炎。输卵管扩张，内有干酪样团块及恶臭的渗出物为特征（图6–45）。

（4）关节炎及滑膜炎。关节内含有纤维素或混浊的关节液。

（5）眼球炎。眼球前房有黏液性脓性或干酪样分泌物。最后角膜穿孔、失明。

5）诊断

实验室进行细菌鉴定，排除其他病原感染，方可认为是原发性大肠杆

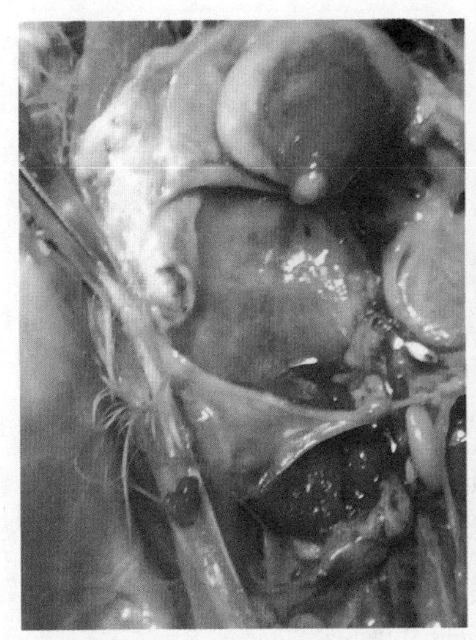

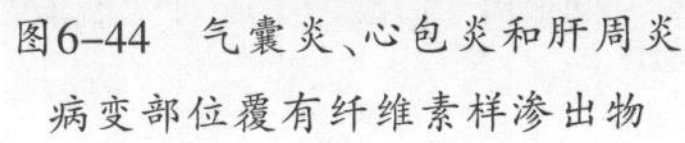

图6–44　气囊炎、心包炎和肝周炎
病变部位覆有纤维素样渗出物

图6–45　卵巢腹膜炎

菌病；在其他原发性疾病中分离出大肠杆菌时，应视为继发性大肠杆菌病。

6)防治

(1)预防。搞好鸡舍空气净化，加强饲养场地消毒工作，科学饲养管理，控制好其他疫病防止继发感染，选用广谱抗菌药进行预防。

(2)治疗。应选择敏感药物在发病后做紧急治疗，可以选用头孢菌素类(头孢噻肟、头孢呱酮)、氨基糖苷类(庆大霉素、硫酸新霉素、阿米卡星)、四环素类(土霉素、多西环素)、大环内酯类(红霉素、阿奇霉素、泰乐菌素)、磺胺类(磺胺间甲氧嘧啶)、喹诺酮类(环丙沙星、左氧氟沙星)等。

3.鸡葡萄球菌病

鸡葡萄球菌病是由金黄色葡萄球菌引起的一种传染病。

1)病原

在葡萄球菌中，金黄色葡萄球菌是家禽的主要致病菌。典型的致病性金黄色葡萄球菌是革兰阳性球菌，在固体培养基上培养的细菌在显微镜下呈葡萄串状排列，菌落为圆形、光滑的菌落，直径1~3毫米。

2)流行特点

葡萄球菌在健康鸡的羽毛、皮肤、眼睑、结膜、肠道中均有存在，也是养鸡饲养环境、孵化车间和禽类加工车间的常在微生物。肉种鸡及肉用仔鸡对本病易感，在40~80日龄多发。地面平养、网上平养较笼养鸡发生的多。本病发生与外伤有关，凡是能够造成鸡只皮肤、黏膜完整性遭到破坏的因素均可成为发病的诱因。

3）临床症状

部分病鸡因感染金黄色葡萄球菌，可在1~2天死亡。临床表现脐孔发炎肿大、腹部膨胀（大肚脐）等，与大肠杆菌所致脐炎相似。

败血型鸡葡萄球菌病：该型40~60日龄鸡多发，一般可见病鸡低头缩颈呆立，1~2天死亡。病死鸡在翼下、皮下组织泛发性肿胀，相应部位羽毛潮湿易掉。

肉种鸡的育成阶段多发生关节炎型的鸡葡萄球菌病。多发生于跗关节，关节肿胀，有热痛感，病鸡站立困难，以胸骨着地，行走不便，跛行，喜卧。有的出现趾底肿胀，溃疡结痂。

4）剖检病变

败血型病死鸡局部皮肤增厚、水肿。切开皮肤见皮下有数量不等的紫红色液体，胸腹肌出血、溶血形同红布。有的病死鸡皮肤无明显变化，但局部皮下（胸、腹或大腿内侧）有灰黄色胶冻样水肿液（图6–46）。

关节炎型见关节肿胀处皮下水肿，关节液增多，关节腔内有白色或黄色絮状物（图6–47）。

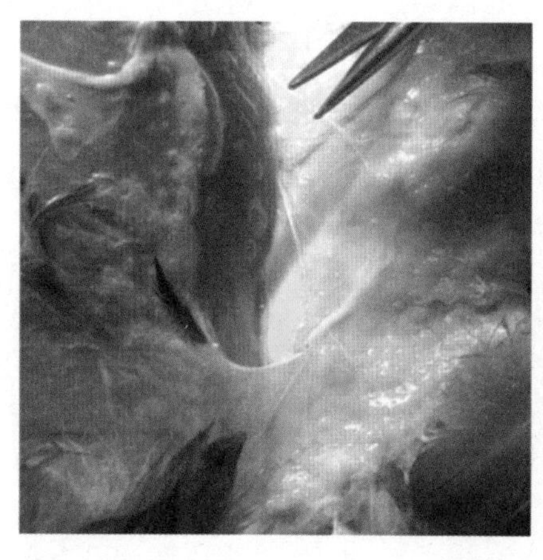

图6–46 皮下水肿，有灰黄色胶冻样水肿液

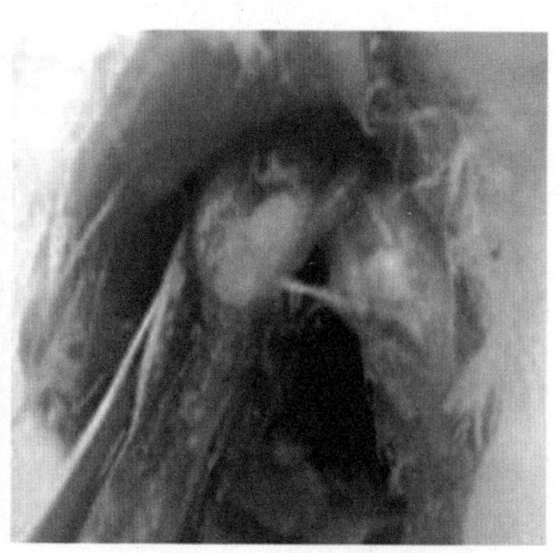

图6–47 关节腔内有黄色絮状物

5)诊断

金黄色葡萄球菌病的诊断需要进行细菌的分离培养。

6)防治

(1)预防。加强饲养管理,搞好鸡场兽医卫生,认真检修笼具。

(2)治疗。治疗前应做药物敏感试验,选择有效药物全群给药。

4.鸡支原体病

鸡支原体分为鸡毒支原体和滑液囊支原体,鸡毒支原体主要引起慢性呼吸道病,滑液囊支原体主要引起关节炎。

1)病原

鸡支原体一般呈球形,大小为0.25~0.5微米。革兰染色弱阴性,姬姆萨染色效果较好,培养要求比较复杂,培养基中需含有10%~15%的鸡、猪或马血清。菌落微小、光滑、圆形、透明,具有致密突起的中心。鸡支原体对环境抵抗力低弱,一般消毒药物均能将它迅速杀死。

2)流行病学

各种年龄的鸡都能感染本病,以4~8周龄最易感。本病的传播方式有水平传播和垂直传播,水平传播是病鸡通过咳嗽、打喷嚏或排泄物污染空气,既经呼吸道传染,又能通过饲料或水源由消化道传染,也可经交配传播。垂直传播是由隐性或慢性感染的种鸡所产的带菌蛋,可使14~21日龄的胚胎死亡或孵出弱雏,这种弱雏因带病原体又能引起水平传播。

3)临床症状

鸡毒支原体主要引起鸡呼吸道慢性感染,病鸡先是流稀薄或黏稠鼻液,打喷嚏,鼻孔周围和颈部羽毛常被污染。其后炎症蔓延到下呼吸道即出现咳嗽、呼吸困难、呼吸有气管啰音等症状。病鸡食欲不振,体重减轻、消瘦。到了后期,如果鼻腔和眶下窦中蓄积渗出物,就引起眼睑肿胀,眶下窦肿胀、发硬,眼部突出如肿瘤状(图6–48)。眼球受到压迫,发生萎缩和造成失明,可以侵害一侧眼睛,也可能两侧同时发生。

滑液囊支原体主要引起鸡跗关节肿大(图6–49),触之有波动感。病鸡鸡冠萎缩、发白,离群、喜卧,跛行或久卧不起,虽有食欲但因无法采食而极度消瘦,最后因衰竭或并发其他疾病死亡。

4)剖检病变

鸡毒支原体病变主要是鼻腔、气管、支气管和气囊中有渗出物,气囊

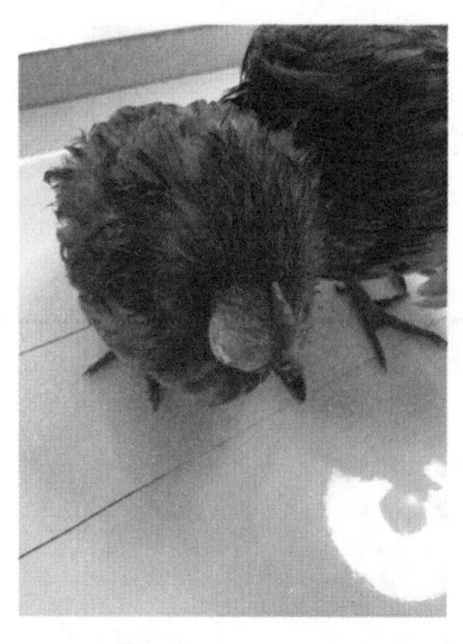

图6-48　眼眶下窦肿胀

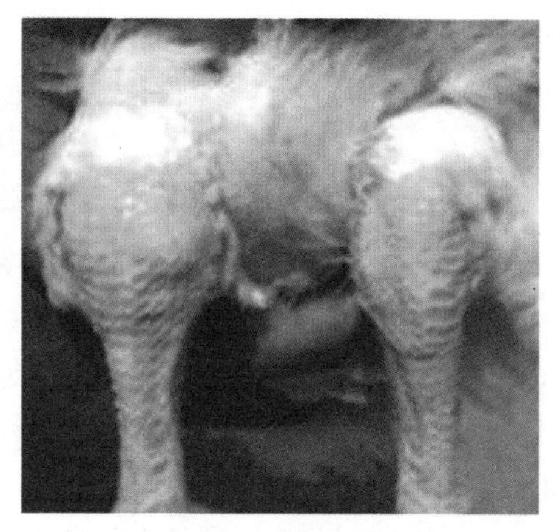

图6-49　跗关节肿大

膜增厚，囊腔中含有大量干酪样渗出物，眶下窦腔中积有浑浊黏液或干酪样渗出物，炎症蔓延到眼睛，往往可见一侧或两侧眼部肿大，眼球遭破坏，剥开眼结膜可以挤出灰黄色的干酪样物质。

滑液囊支原体典型病变为关节、腱鞘呈明显的肿胀，尤其是跗关节，关节腔内有一种黏稠的、乳酪色至灰白色渗出物，病程长者渗出物呈干酪样。

5）诊断

根据本病的流行情况、临诊症状和病理变化，可做出初步诊断。本病在临诊上应注意与鸡的传染性支气管炎、传染性喉气管炎、新城疫、雏鸡曲霉菌病、禽霍乱相鉴别，必须进行病原的分离培养和血清学试验。

6）防治

（1）预防。引进种鸡、苗鸡和种蛋，都必须从确实无病的鸡场购买。平时要加强饲养管理，尽量避免引起鸡体抵抗力降低的一切应激因素，如鸡群饲养密度不能太高，鸡舍通风良好，空气清新，阳光充足，防止受冷，饲料配合适宜，定期驱除寄生虫。

疫苗接种是一种减少霉形体感染的有效方法。疫苗有两种，弱毒活疫苗和灭活疫苗。

（2）治疗。泰万菌素、链霉素、土霉素、泰乐菌素、大观霉素、林可霉素、多西环素、红霉素治疗本病都有一定疗效。此外，本病的药物治疗效果与有无并发感染的关系很大，病鸡如果同时并发其他病毒病（如传染性喉气管炎),疗效不明显。

5.禽霍乱

禽霍乱(fowl cholera,FC)又名禽巴氏杆菌病,是家禽的一种急性传染病。

1)病原

禽霍乱的病原为多杀性巴氏杆菌,是两端钝圆、中央微凸的短杆菌,不形成芽孢,也无运动性,一般有荚膜。革兰染色阴性,病料组织亚甲蓝染色镜检,见菌体多呈卵圆形,两端着色深,中央部分着色较浅,很像并列的两个球菌,所以又叫两极杆菌。

2)流行病学

各种日龄、各种品种的鸡均易感染本病,成年鸡最为易感;感染途径主要通过消化道和呼吸道传染;强毒菌株感染后多呈败血性经过,急性发病,病死率高,在30%~40%,较弱毒力的菌株感染后病程较慢,死亡率亦不高,常呈散发性。

3)临床症状

病鸡体温升高,一般急性死亡,鸡冠、肉髯变黑,有的肉髯肿胀。慢性病鸡出现关节肿大、疼痛、跛行。

4)剖检病变

急性病例在心冠沟脂肪和心外膜有针头大的出血点,心包变厚,心包液中有不透明的黄色液体,有的含纤维素絮状液体。肝肿大、质变脆,呈棕色或黄棕色。肝表面有许多灰白色针头大的坏死点(图6–50)。十二指肠发生严重的出血性肠炎,肠黏膜潮红、肿胀、肠内容物含有血液(图6–51)。母鸡的卵巢出血、卵泡变形。关节肿胀、坏死,切开可见干酪样物质。

5)诊断

根据病鸡流行病学、剖检特征、临床症状可以初步诊断,确诊需要由实验室诊断。取病肝脾触片经瑞氏染色,如见到大量两极浓染的短小杆菌,可以初步确诊。

6)防治

(1)预防。加强饲养管理,减少应激因素,使鸡体保持一定的抵抗力。另外,要搞好环境卫生,及时、定期地进行消毒,切断各种传染源,防止本病的发生。

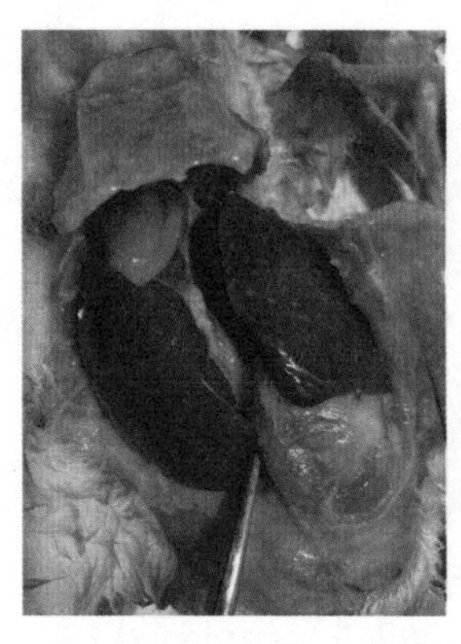

图6-50　肝脏肿大、有灰白色坏死点

图6-51　肠内容物含有血液

疫苗预防有弱毒活疫苗和油乳剂苗，弱毒活疫苗的免疫期为3个月，接种后有一定的反应，在未发生本病的鸡场不接种该类疫苗。油乳剂苗的免疫期约6个月，最好采用本场分离的菌株制备自家苗，效果可靠。

（2）治疗。鸡群发病应立即采取治疗措施，有条件的地方应通过药敏试验选择有效药物全群给药。磺胺类药物、红霉素、环丙沙星等均有较好的疗效。在治疗过程中，剂量要足，疗程合理，当死亡明显减少后，再继续投药2~3天以巩固疗效、防止复发。

三　寄生虫性传染病

1.鸡球虫病

鸡球虫病（chicken coccidiosis）是鸡常见且危害十分严重的寄生虫病，雏鸡的发病率和致死率均较高。病愈的雏鸡生长受阻，增重缓慢。

1）病原

病原为原虫中的艾美耳科艾美耳属的球虫，我国已发现9个种。不同种的球虫，在鸡肠道内的寄生部位不一样，分别寄生于小肠和盲肠。

2）流行特点

各个品种的鸡均有易感性，15~50日龄的鸡发病率和致死率都较高，成年鸡对球虫有一定的抵抗力。病鸡是主要传染源，凡被带虫鸡污染过的饲料、饮水、土壤和用具等，都有卵囊存在。鸡感染球虫的途径主要是吃了感染性卵囊。饲养管理条件不良，鸡舍潮湿、拥挤，卫生条件恶劣时最易发病。在潮湿多雨、气温较高的梅雨季节易暴发球虫病。

球虫卵的抵抗力较强，在外界环境中一般的消毒剂不易杀灭，在土壤中可保持生活力4~9个月，在有树荫的地方可存活15~18个月。卵囊对高温和干燥的抵抗力较弱。当相对湿度为21%~33%时，柔嫩艾美耳球虫的卵囊在18~40 ℃的温度下，经1~5天就死亡。

3)临床症状

病鸡精神沉郁，羽毛蓬松，头卷缩，食欲减退，病鸡常排红色胡萝卜样粪便，若感染柔嫩艾美耳球虫，开始时粪便为咖啡色（图6–52），以后变为完全的血粪，如不及时采取措施，致死率在50%以上。若多种球虫混合感染，粪便中带血液，并含有大量脱落的肠黏膜（图6–53）。

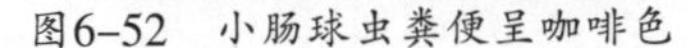

图6–52　小肠球虫粪便呈咖啡色

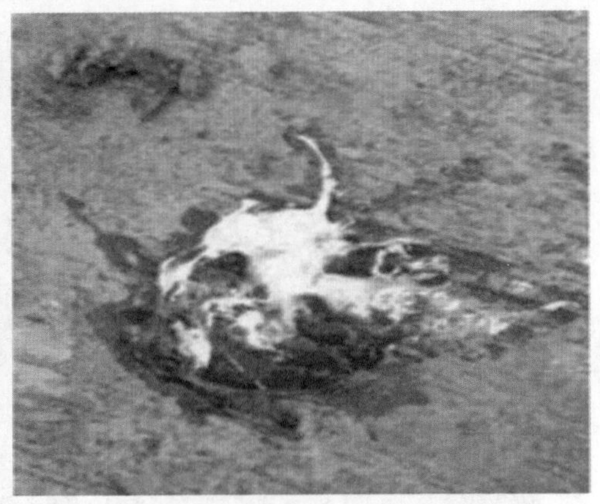

图6–53　盲肠球虫粪便呈鲜红色

4)剖检病变

病鸡消瘦，鸡冠与黏膜苍白，内脏变化主要发生在肠管，病变部位和程度与球虫的种别有关。

小肠球虫病主要由毒害艾美耳球虫、巨型艾美耳球虫和堆型艾美耳球虫引起。毒害艾美耳球虫损害小肠中段，使肠壁扩张、增厚，有明显的淡白色斑点，黏膜上有许多小出血点（图6–54），肠管中有大量的血液（图6–55）。

巨型艾美耳球虫损害小肠中段，可使肠管扩张，肠壁增厚；内容物黏稠，呈西红柿样红色（图6–56）。

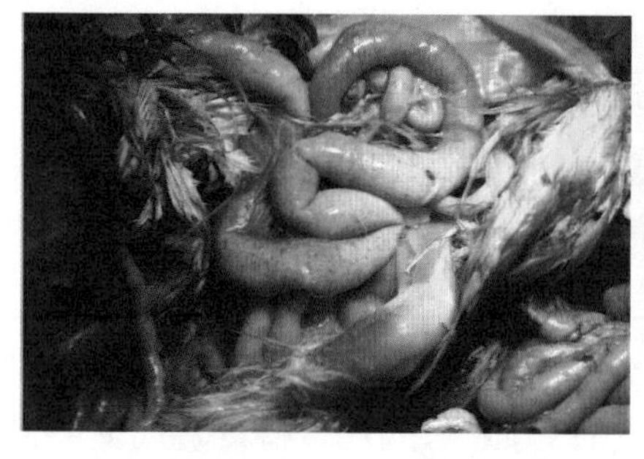
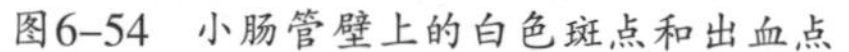

图6-54　小肠管壁上的白色斑点和出血点

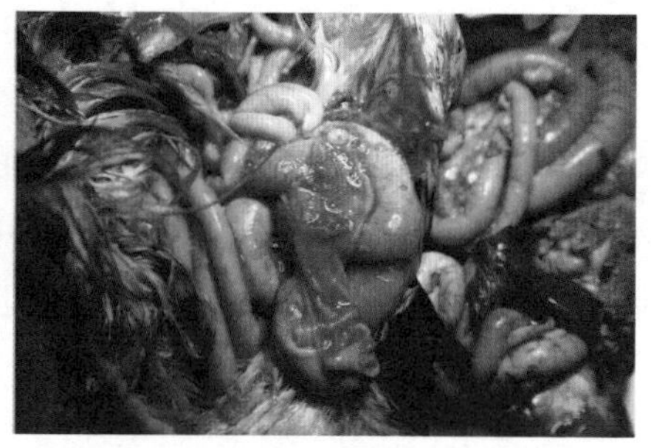

图6-55　小肠管内的鲜红色血便

柔嫩艾美耳球虫主要侵害盲肠(盲肠球虫病),两支盲肠肿大,肠腔中充满凝固的或新鲜的红色血液(图6-57)。

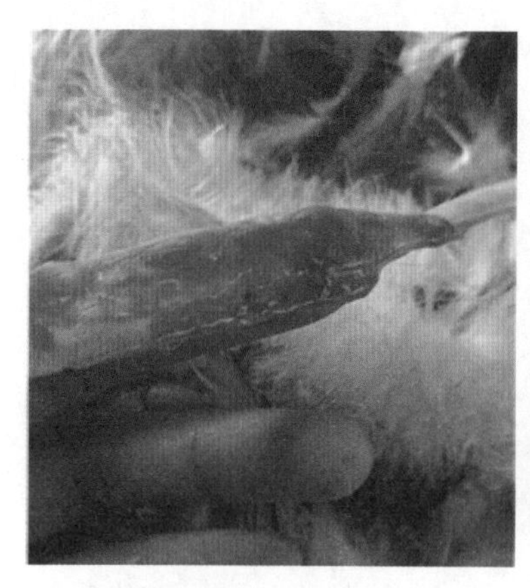

图6-56　小肠内西红柿样血便

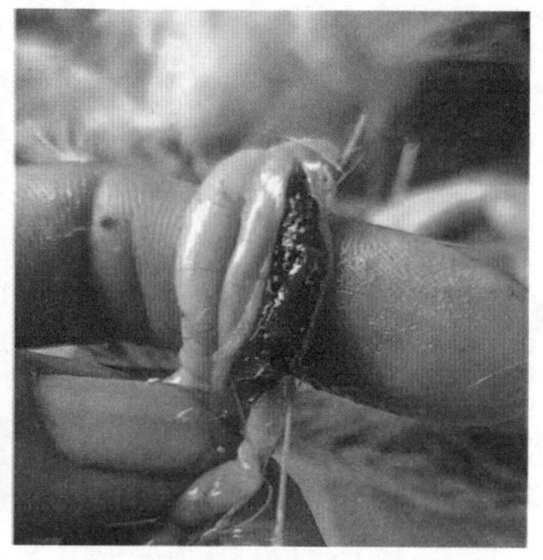

图6-57　盲肠鲜红血便

若多种球虫混合感染,则肠管粗大,肠黏膜上有大量的出血点,肠管中有大量的带有脱落的肠上皮细胞的紫黑色血液。

5)诊断

根据临诊症状(红色或褐色粪便)、流行病学、病理剖检情况和病原(卵囊)检查结果进行综合判断。

6)防治

(1)预防。加强饲养管理,保持鸡舍干燥、通风和鸡场卫生,定期清除粪便,堆放;发酵以杀灭卵囊。使用球虫疫苗进行免疫,可以产生较好的预防效果,避免使用球虫药物产生的药物残留及抗药虫株的产生。

(2)治疗。鸡场一旦暴发球虫病,应立即进行治疗。使用的药物有化学合成的和抗生素两大类。临床上小肠球虫常用磺胺喹噁啉钠配合妥曲珠利进行治疗,磺胺喹噁啉钠与氨丙啉合用也有增效作用。盲肠球虫采用磺胺丙氯拉嗪钠。

2.组织滴虫病

组织滴虫病又名盲肠肝炎或黑头病，是由组织滴虫引起的一种急性原虫病。本病的特征是盲肠发炎呈一侧或两侧肿大,肝脏有特征性坏死灶。多发于雏鸡。

1)病原

组织滴虫属鞭毛虫纲、单鞭毛科。在盲肠寄生的虫体呈变形虫样,直径为5~30微米,虫体细胞外质透明,内质呈颗粒状,核呈泡状,其邻近有一生毛体,由此长出1~2根细的鞭毛。组织中的虫体呈圆形或卵圆形,或呈变形虫样,大小为4~21微米,无鞭毛。

2)流行特点

本病以2周龄到4月龄的鸡最易感,主要是病鸡排出的粪便污染饲料、饮水、用具和土壤,通过消化道而感染。但此种原虫对外界的抵抗力不强,不能长期存活。如病鸡同时有异刺线虫寄生时,此种原虫则可侵入鸡异刺线虫体内,并转入其卵内,随异刺线虫卵排出体外,从而得到保护,即能生存较长时间,成为本病的感染源。当外界条件适宜时,发育为感染性虫卵。鸡吞食了这样的虫卵后,组织滴虫从异刺线虫虫卵内游离出来,钻入盲肠黏膜,在肠道某些细菌的协同作用下,组织滴虫即在盲肠黏膜内大量繁殖,引起盲肠黏膜发炎、出血、坏死,进而炎症向肠壁深层发展,可涉及肌肉和浆膜,最终使整个盲肠都受到严重损伤。在肠壁寄生的组织滴虫也可进入毛细血管,随门静脉血流进入肝脏,破坏肝细胞而引进肝组织坏死。

3)临床症状

本病的潜伏期一般为15~20天,病鸡精神沉郁,食欲不振,缩头,羽毛松乱。病鸡逐渐消瘦,鸡冠、喙、皮肤呈黄色,排黄色或淡绿色粪便,急性感染时可排血便。

4)剖检病变

本病的特征性病变在盲肠和肝脏。盲肠的病变多发生于两侧,剖检时可见盲肠肿大增粗，肠壁增厚变硬，失去伸缩性，形似香肠。肠腔内充满大量干燥、坚硬、干酪样凝固物。如将肠管横切，则见干酪样凝固物呈同心圆层状结构，其中心为暗红色的凝血块，外围是淡黄色干酪样的渗出物和坏死物。盲肠黏膜出血、坏死并形成溃疡。肝脏大小正常或明显肿大，在肝被膜面散在或密发圆形或不规则形，中央稍凹陷、边缘稍隆起，呈黄绿色或黄白色的坏死灶。坏死灶的大小不一，其周边常环绕红晕（图6–58）。

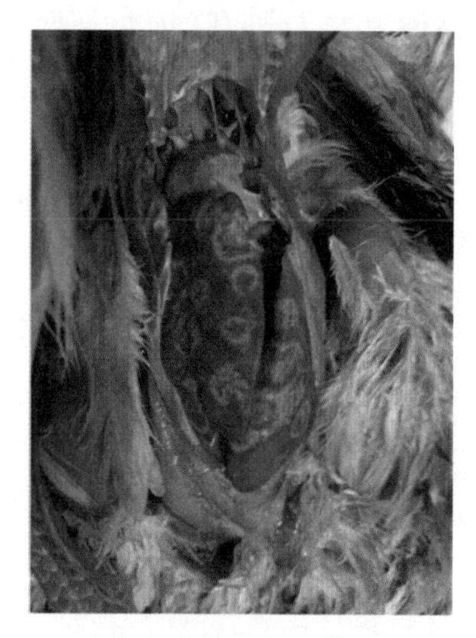
图6–58　肝脏中央稍凹陷、边缘稍隆起的坏死灶

5）诊断

在一般情况下，根据组织滴虫病的特异性肝脏和盲肠病变可诊断。

6）防治

（1）预防。由于组织滴虫的主要传播方式是通过盲肠内的异刺线虫虫卵为媒介，所以有效的预防措施是避免鸡接触异刺线虫虫卵，因此，鸡舍在进雏鸡前应彻底消毒。加强鸡群的卫生管理，注意通风，降低舍内密度，尽量网上平养，以减少接触虫卵的机会，定期用左旋咪唑驱虫。

（2）治疗。本病的治疗应从两个方面着手，一方面要杀死鸡体内的组织滴虫，另一方面要驱除鸡体内的异刺线虫。甲硝唑、左旋咪唑（或丙硫苯咪唑）、新霉素3种药同时应用疗效较好。

四 真菌病和中毒病

1.曲霉菌病

曲霉菌病是曲霉菌属真菌引起肉鸡的真菌病，主要侵害呼吸器官。本病的特征是形成肉芽肿结节，在肉鸡肺及气囊里发生炎症和小结节。

1）病原

曲霉菌的形态特征是分生孢子呈串珠状，在孢子柄膨大形成烧瓶形的顶囊，顶囊上呈放射状排列。曲霉菌属中的烟曲霉是常见的致病力最强的主要病原，烟曲霉的菌丝呈圆柱状，色泽由绿色、暗绿色至熏烟色。

霉菌在常温下能存活很长时间,在自然界中分布很广,如稻草、谷物、木屑、发霉的饲料,以及墙壁、地面、用具和空气中都可能存在,在温暖、潮湿的适宜条件下24~30小时即产生孢子。孢子对外界环境理化因素的抵抗力很强,在干热120 ℃ 1小时、煮沸5分钟才能杀死。对化学药品也有较强的抵抗力。在一般消毒药物中,如2.5%福尔马林、3%氢氧化钠溶液、碘酊等,需经1~3小时才能灭活。

2)流行特点

曲霉菌以雏鸡易感性最高,特别是20日龄以内的雏鸡呈急性暴发和群发性发生。如果饲养管理条件不好,流行和死亡可一直延续到2月龄。

被污染的垫料、空气和发霉的饲料是引起本病流行的主要传染源,病菌主要是通过呼吸道和消化道传染的。育雏室内卫生条件差、日温差大、通风换气不好、过分拥挤、阴暗潮湿及营养不良等因素都能促使本病发生和流行。孵化环境、孵化器发霉等,都可能使种蛋污染,引起胚胎感染,出现死亡或幼雏过早感染发病。

3)临床症状

病鸡可见呼吸困难、喘气、张口呼吸,鸡冠和肉髯暗红或发紫、精神委顿,食欲减退,口渴增加,后期表现为腹泻。病程一般在1周左右。鸡群发病后如不及时采取措施,死亡率在50%以上。

4)剖检病变

肺部有一种从粟粒至黄豆般大小的黄白色或灰白色结节,有时可以相互融合成大的团块,最大的直径为3~4毫米,柔软有弹性(图6–59)。结节内有层次结构,中心为干酪样物,内含大量菌丝体,外层类似肉芽组织。胸腹膜、气囊等处有时亦可见到。

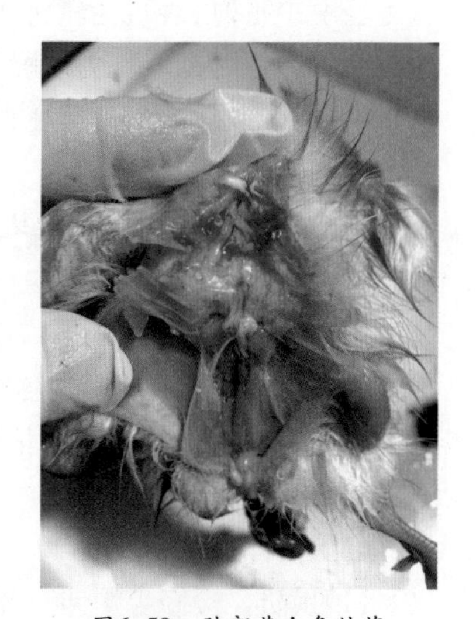
图6–59　肺部黄白色结节

5)诊断

根据流行特点、临诊症状和剖检可做出初步诊断,确诊可以采取病禽肺或气囊上的结节病灶,作为压片镜检鉴定。

6)防治

(1)预防。种蛋、孵化器及孵化厅均需按卫生要求进行严格消毒。加强饲养管理。育雏室保持清洁、干燥,不使用发霉的垫料和饲料,垫料要经常翻晒和更换,育雏室每日温差不宜过大,按雏禽日龄逐步降温,合理通风换气。

(2)治疗。本病尚无特效的治疗方法。用制霉菌素防治本病有一定效果,剂量为每100只雏鸡1次用50万国际单位,混料内服,每天2次,连用2~4天。同时,在10千克饮水中加硫酸铜3克或口服碘化钾每升饮水中加入5~10克,连饮3~5天。

2.煤气中毒症

1)病因

煤气中毒即一氧化碳中毒,多因禽舍保温取暖时,煤炭燃烧不充分及排烟不畅所引起,一般多为慢性。

2)毒理

一氧化碳进入鸡体内与红细胞中的血红蛋白结合后不易分离,从而使红细胞输送氧气的能力大大降低,造成全身缺氧,特别是大脑对缺氧十分敏感,受害最严重。

3)临床症状

轻度中毒时,表现为精神沉郁,不爱活动,羽毛松乱,生长迟滞,喙呈粉红色。严重时则表现为烦躁不安,呼吸困难,运动失调,呆立或昏迷,头向后仰,易惊厥、痉挛,甚至死亡。

4)剖检病变

剖检可见血液、脏器、组织黏膜和肌肉等均呈樱桃红色,并伴有充血、出血(图6-60、图6-61)。

5)诊断

病史调查:鸡舍内煤炉漏气、通风不良;临床症状:有呼吸困难,神经症状;剖检变化:血液及脏器呈均匀的樱桃红色。有以上三点可以确诊为煤气中毒症。

6)防治

(1)预防。检修煤炉,防止漏气,加强通风。

(2)治疗。立即打开门窗,排出煤气,换进新鲜空气。最好将病禽转移

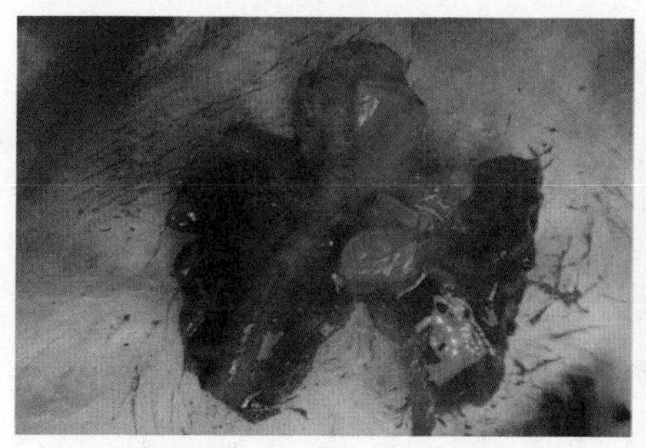
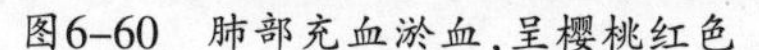
图6-60 肺部充血淤血,呈樱桃红色

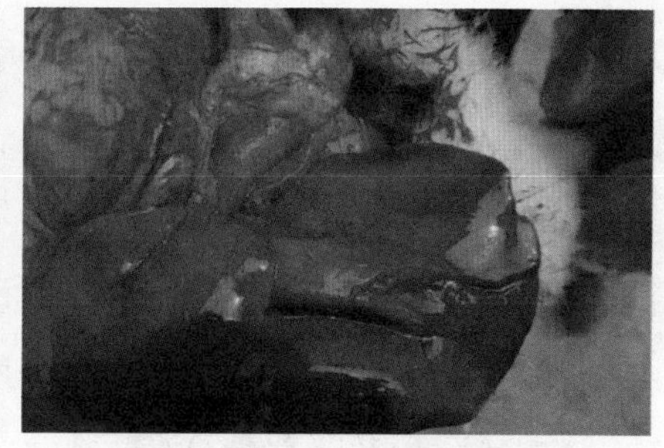
图6-61 肝脏充血,呈樱桃红色

至空气新鲜、保温良好的鸡舍内。同时迅速投喂大量清洁饮水,在饮水中适当添加葡萄糖与维生素C,有一定的缓解作用。

五 营养和代谢性疾病

1.痛风

痛风是指血液中蓄积过量尿酸盐不能迅速排出体外而引起的高尿酸盐血症。

1)病因

饲料蛋白质过高,尤其是添加鱼粉,导致尿酸量过大。

传染病如传染性支气管炎、传染性法氏囊病等引起的肾损伤。

育雏温度过高或过低、缺水、饲料变质、盐分过高、维生素A缺乏、饲料中钙磷过高或比例不当等诱因。

2)临床症状

(1)内脏型痛风。患鸡多为慢性经过,精神萎靡,食欲不振,消瘦,贫血,鸡冠萎缩、苍白,排白色稀便,污染泄殖腔下部的羽毛。

(2)关节型痛风。关节肿胀,瘫痪。

3)剖检病变

心、肝脏、腹膜、脾脏及肠系膜等覆盖一层白色尿酸盐,似石灰样白膜;肾脏肿大,颜色变浅,输尿管变粗,内含有大量白色尿酸盐(图6-62);关节内充满白色黏稠液体,严重时关节组织发生溃疡、坏死。

4)诊断

根据病因、病史、特征性症状和病理剖检即可诊断。

图6-62 心脏、胸膜覆盖一层白色尿酸盐

5)防治

(1)预防。加强饲养管理,保证饲料的质量和营养的全价,尤其不能缺乏维生素A;做好诱发该病的疾病的防治;不要长期使用或过量使用对肾脏有损害的药物及消毒剂,如磺胺类药物、庆大霉素、卡那霉素、链霉素等。

(2)治疗。降低饲料中蛋白质的水平,增加维生素A的供给,给予充足的饮水,停止使用对肾脏有损害作用的药物。饲料和饮水中添加有利于尿酸盐排出的药物,连用3~5天,可缓解病情。

2.肉鸡腹水综合征

1)概念

本病是主要由遗传、饲养管理、营养、疾病、中毒和环境等因素引起的鸡消化功能紊乱的一种疾病。

2)临床症状

病鸡表现为精神不振,反应迟钝,呼吸困难,有时发生腹泻,拉白色或黄色稀粪,典型症状是腹部膨大下垂,腹部皮肤变薄发亮,触压有明显的波动感,行动困难,常以腹部着地,呈“企鹅状”,出现腹水后数天内死亡。

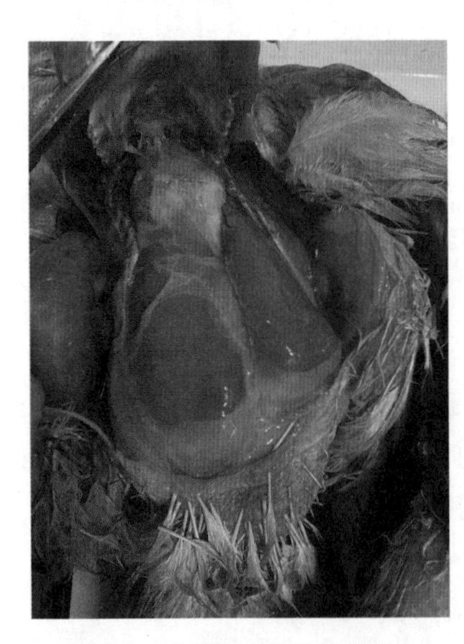
图6-63 腹腔淡黄色胶冻样液体

3)病理剖检变化

本病的突出病变是腹腔内蓄积大量淡黄色或淡红色胶冻样液体,其中混有大小不等的红黄色胶冻样絮状纤维素(图6-63)。肝脏肿大,呈黄白色,表面覆盖有灰白色胶冻样纤维素性假膜,心包混浊增厚,心包液增多,心脏体积增大。

4)防治

(1)预防。加强饲养管理,合理搭配饲料,日粮补充维生素C,早期适当限饲、控制光照等。

(2)治疗。采用对症疗法,使用广谱低毒性抗生素、利尿药、助消化药,在饲料中添加维生素C、维生素E和硒;改善饲养管理条件,加强通风换气,减少饲养密度等。

第三节 兽医临床用药原则

一 掌握适应证

抗微生物药各有其主要适应证。可根据临床诊断或实验室病原检验推断或确定病原微生物,再根据药物的抗菌特点,选用适当药物。

一般对革兰阳性菌引起的疾病,如葡萄球菌性或链球菌性炎症、败血症等,可选用青霉素类、头孢菌素类、四环素类、红霉素类等;对革兰阴性菌引起的疾病如巴氏杆菌病、大肠杆菌、肠炎、泌尿道炎症等,则优先选用氨基糖苷类等;对支原体引起的慢性呼吸道病,则首选红霉素、罗红霉素等。

二 控制用量、疗程和不良反应

药物用量同控制感染密切相关。剂量过小不仅无效,反而可能促使耐药菌株的产生;剂量过大不一定增加疗效,却可造成不必要的浪费,甚至可能引起机体的严重损害,如氨基糖苷类抗生素用量过大会损害听神经和肾脏。

药物疗程视疾病类型和病况而定。一般应持续应用至体温正常、症状消退后2天,但疗程不宜超过7天。如临床效果欠佳,应在用药后5天内进行调整(适当加大剂量或改换药物)。

用药期间要注意药物的不良反应,一经发现应及时采取停药、更换药物及相应解救措施。肝、肾是许多抗微生物药代谢与排泄的重要器官,在其功能障碍时往往影响药物在体内的代谢和排泄。红霉素等药物主要经肝脏代谢，在肝功能受损时，按常量用药易导致在体内蓄积中毒；氨基糖苷类、四环素类、青霉素、头孢菌素类、多黏菌素类等药物在肾功能减退时应避免使用和慎用，必要时可减量或延长给药间期。

三 联合用药治疗措施

联合用药：同时应用二种以上的抗菌药物，增强疗效。

抗菌药可分为四种：

A.繁殖期杀菌剂（青霉素类，头孢菌素类，杆菌肽）。

B.静止杀菌剂（氨基苷类、多年粘菌类、利福平）。

C.快效抑菌剂（四环素、氯霉素类、红霉素类、林可霉素类）。

D.慢效抑菌剂（磺胺类）。

A+B→协同。

A+C→拮抗。

A+D→一般不会有重大影响，有明显指征时如磺胺药与青霉素治脑部细菌感染，明显提高疗效。

参考文献

[1] 国家畜禽遗传资源委员会组.中国畜禽遗传资源志:家禽志[M].北京:中国农业出版社,2011.

[2] 杨宁.家禽生产学[M].3版.北京:中国农业出版社,2022.

[3] 舒鼎铭.黄羽肉鸡规模化健康养殖综合技术[M].北京:中国农业出版社,2015.

[4] 杨柏萱,孙开冬,于培军.规模化817肉杂鸡场饲养管理[M].郑州:河南科学技术出版社,2017.

[5] 李连任,李童,张永平.肉鸡标准化规模养殖技术[M].北京:中国农业科学技术出版社,2013.

[6] 中国营养学会.中国居民膳食营养素参考摄入量2013版[M].北京:科学出版社,2014.

[7] 蒋宗勇.黄羽肉鸡营养需要研究进展[M].北京:中国农业科学技术出版社,2010.

[8] 康相涛,田亚东,竹学军.5~8周龄固始鸡能量和蛋白质需要量的研究[J].中国畜牧杂志,2002,38(5):3-6.

[9] 司倩倩,毕慧娟,张庭荣,等.1~21日龄爱拔益加×罗曼肉杂鸡饲粮代谢能、粗蛋白质、蛋氨酸和赖氨酸适宜水平研究[J].动物营养学报,2016,28(2):392-401.

[10] 赵其国,尹雪斌.我们的未来农业——功能农业[J].山西农业大学学报(自然科学版),2017,37(7):457-468,486.

[11] 吴永保,杨凌云,闫海洁,等.饲粮中添加微藻和亚麻籽提高鸡蛋黄中 ω-3 多不饱和脂肪酸含量对比研究[J].动物营养学报,2015,27(10):3 188-3 197.

[12] 夏伦志,徐义流,张长青,等.沿淮洼地农业结构优化理论探讨及其对秸秆饲用、牧草生产与粮食安全的影响[J].草业学报,2010,19(2):218-226.

[13] 邬松涛,黄炎坤,王娟娟.肉鸡饲养方式利弊分析[J].郑州牧业工程高等专科学校学报,2008,28(3):31-32.

[14] 赵芙蓉,王占彬,李保明,等.畜果结合生态养殖模式的研究[J].家畜生态学报,2006,27(4):81-85.

[15] 李尚民,范建华,蒋一秀,等.鸡场废弃物资源化利用的主要模式[J].中国家禽,2017,39(22):67-69.

[16] 王叶烨,邵胜丹,陆泽.不同规模家禽养殖场粪污处理方式的调查与分析[J].中国家禽,2015,37(6):66-68.